AF502153

PALÉONTOLOGIE FRANÇAISE

Corbeil. — Typ. et stér. de Crété fils.

PALÉONTOLOGIE FRANÇAISE

OU

DESCRIPTION

DES FOSSILES DE LA FRANCE

continuée

PAR UNE RÉUNION DE PALÉONTOLOGISTES

SOUS

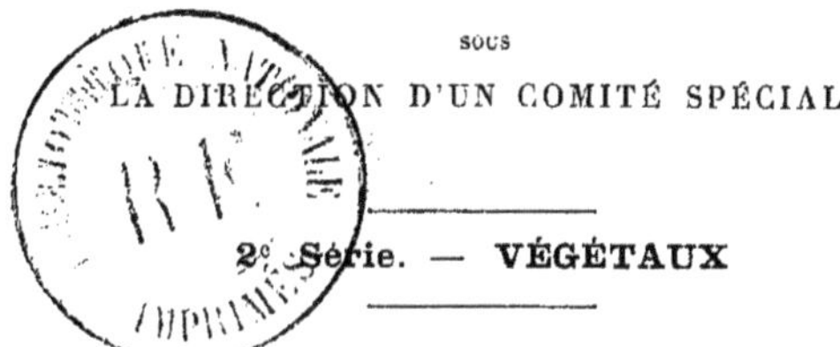

LA DIRECTION D'UN COMITÉ SPÉCIAL

2e Série. — **VÉGÉTAUX**

PLANTES JURASSIQUES

PAR

LE COMTE DE SAPORTA

—

TOME II

—

Cycadées

ATLAS

PARIS

G. MASSON, ÉDITEUR

LIBRAIRE DE L'ACADÉMIE DE MÉDECINE

Place de l'École-de-Médecine, 17.

—

1875

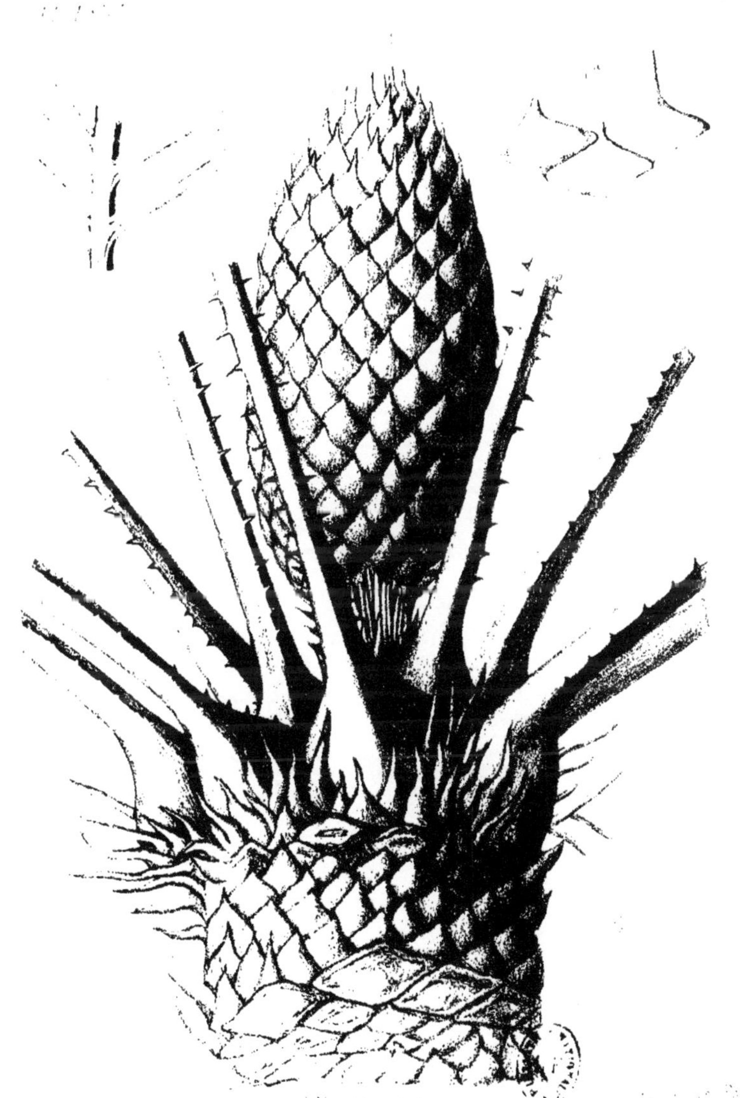

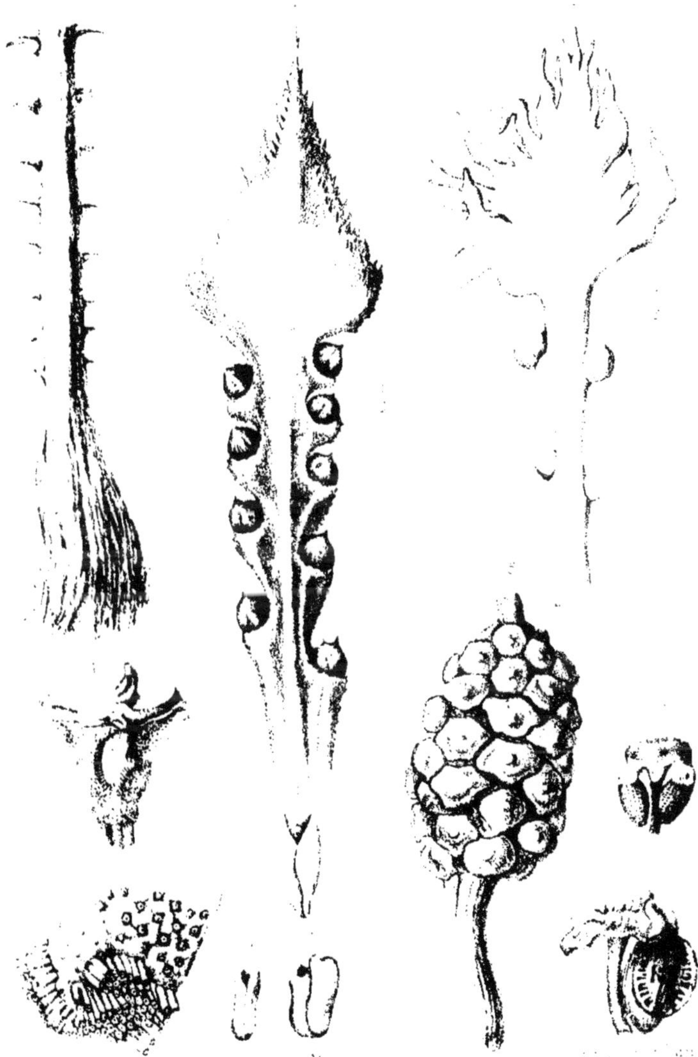

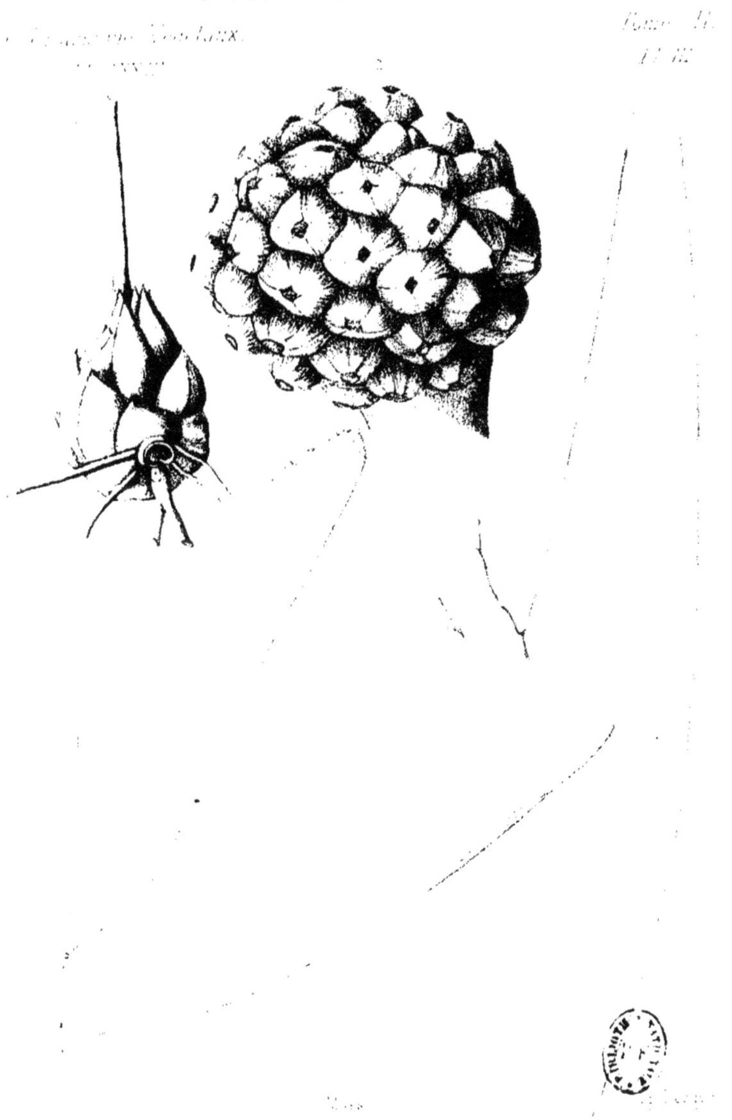

Tome II.
Pl. IV

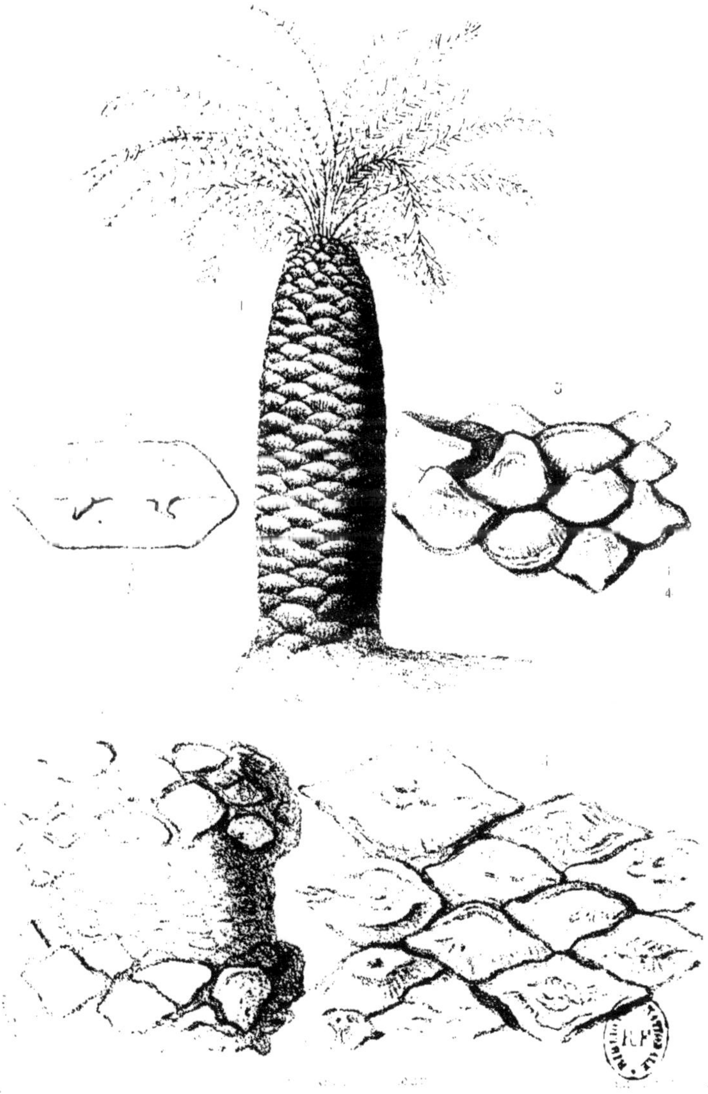

[illegible] organes caractéristiques [illegible]

[illegible]

[illegible]

5. 6. Ceratozamia (Carpophylie)

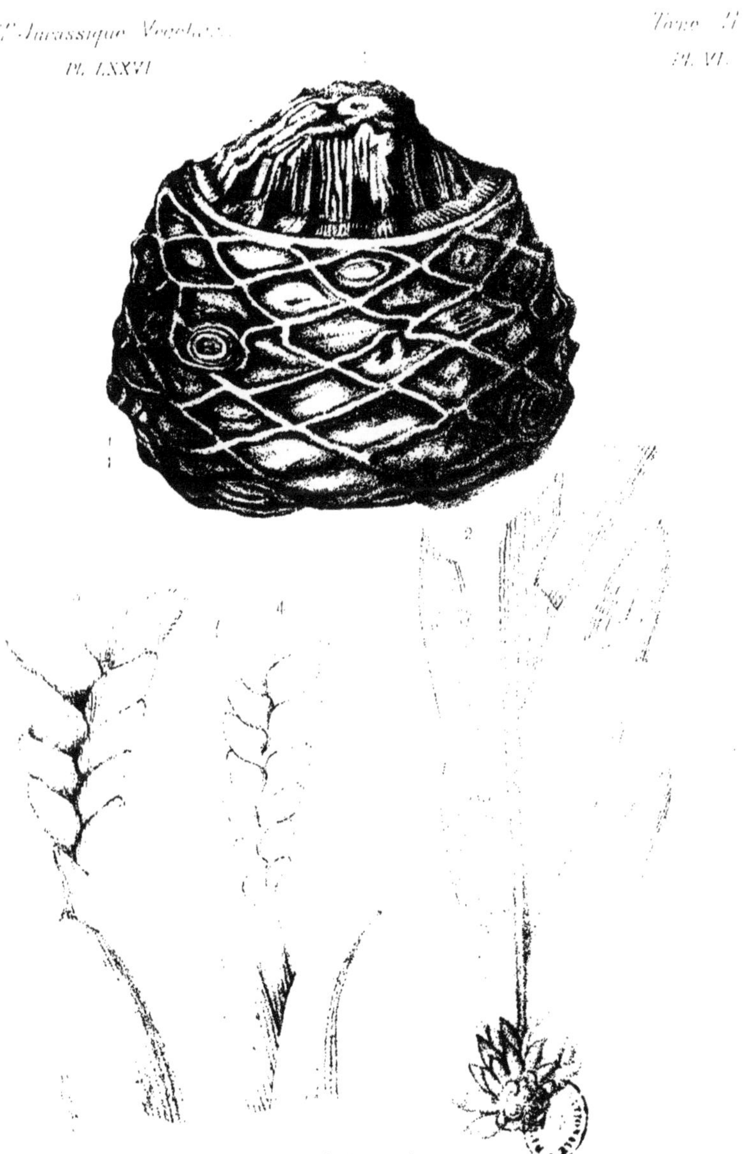

CYCADÉES FOSSILES (organes [illegible]

1 [illegible]

2 [illegible]

3..4 Ctenamites sp. (plantes jeunes

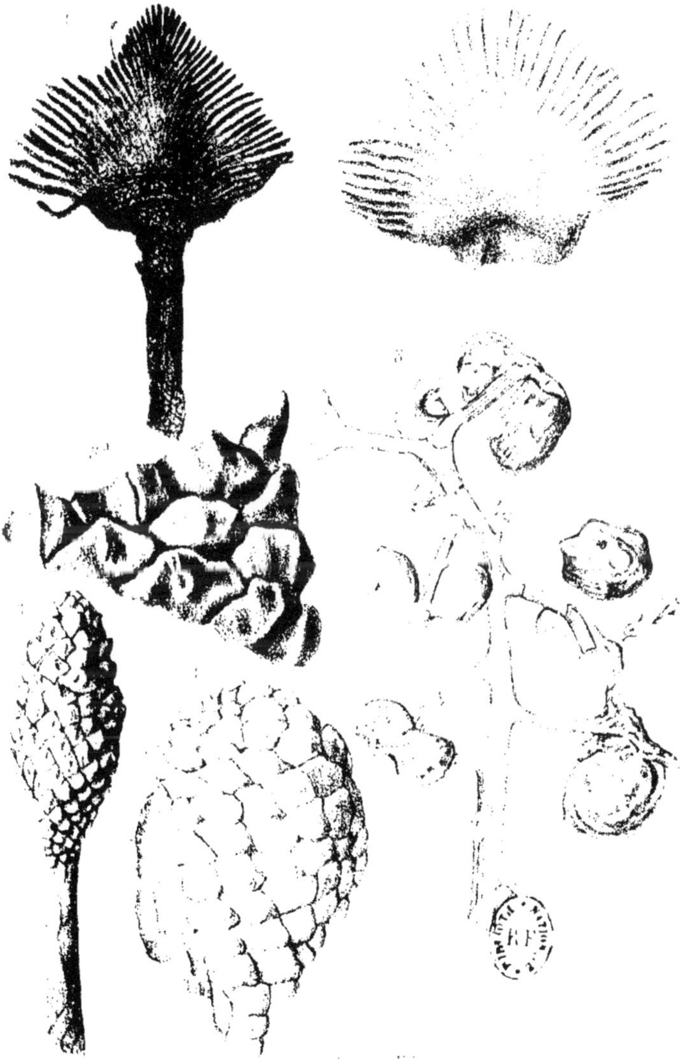

PALÉONTOLOGIE FRANÇAISE

PALÉONTOLOGIE FRANÇAISE

Végétaux

Pl. XXVIII

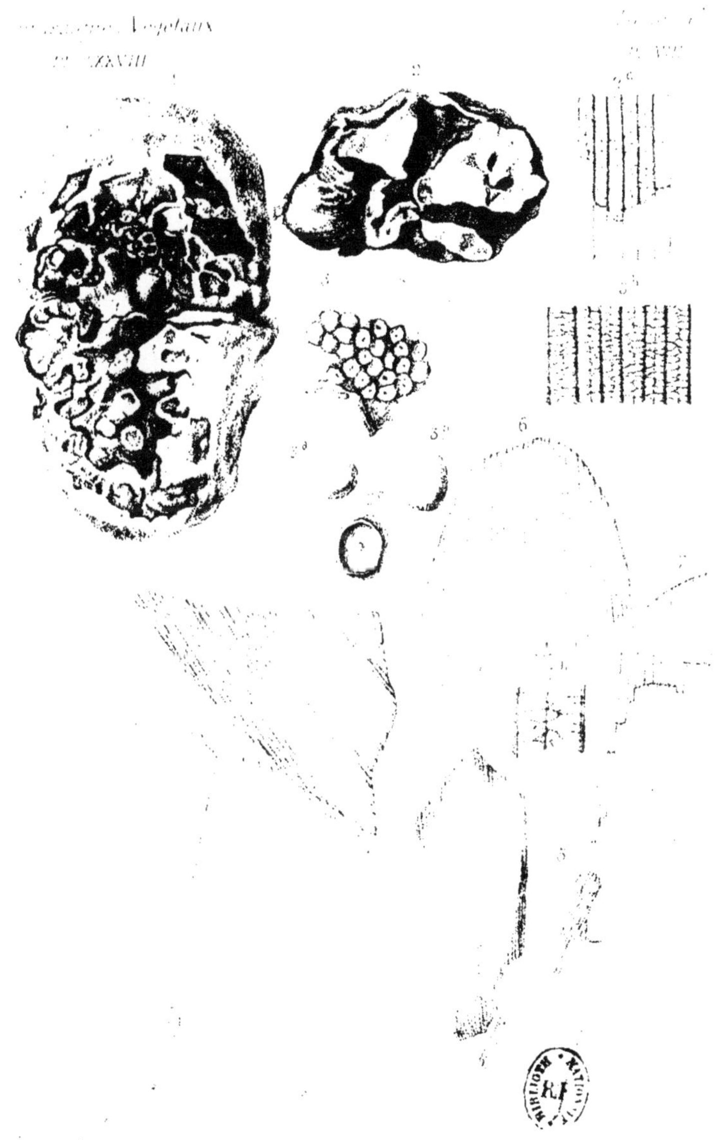

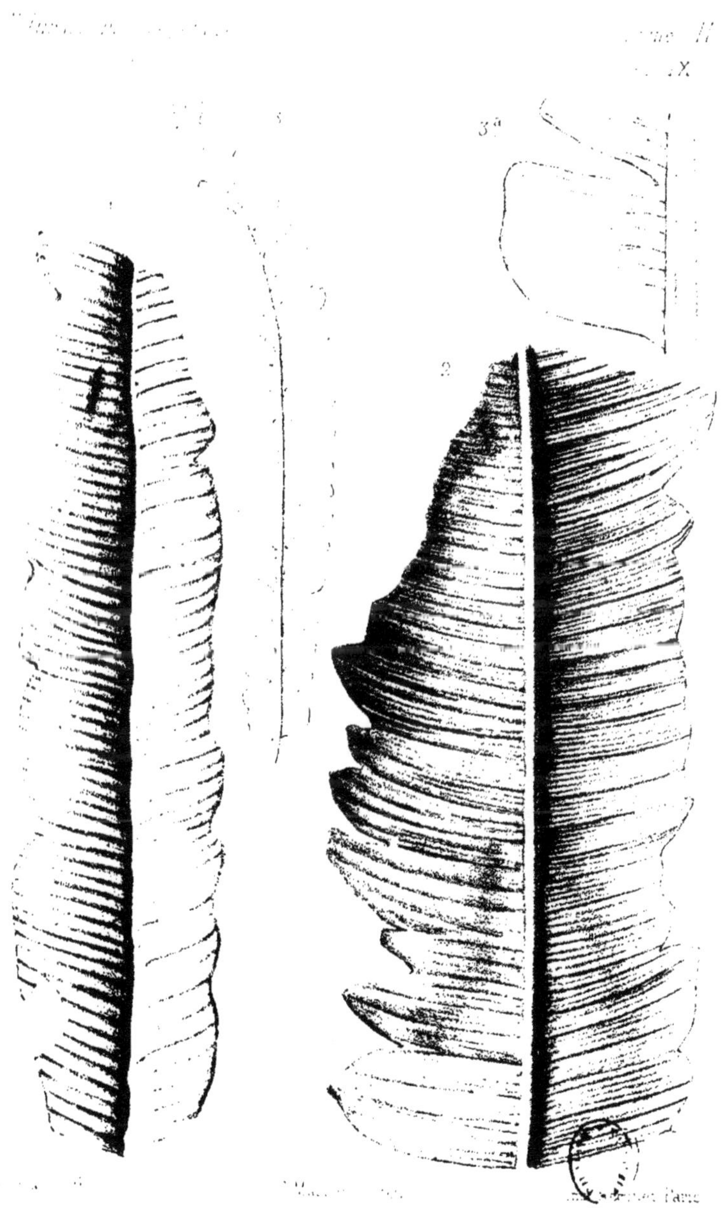

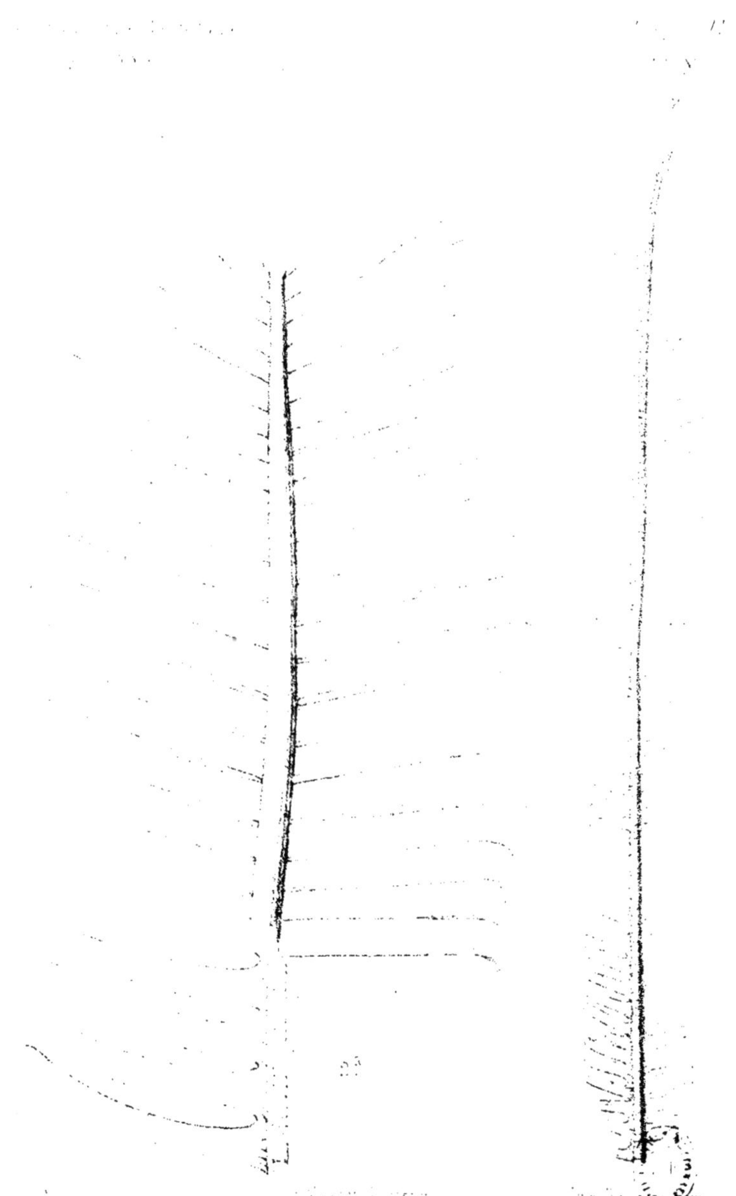

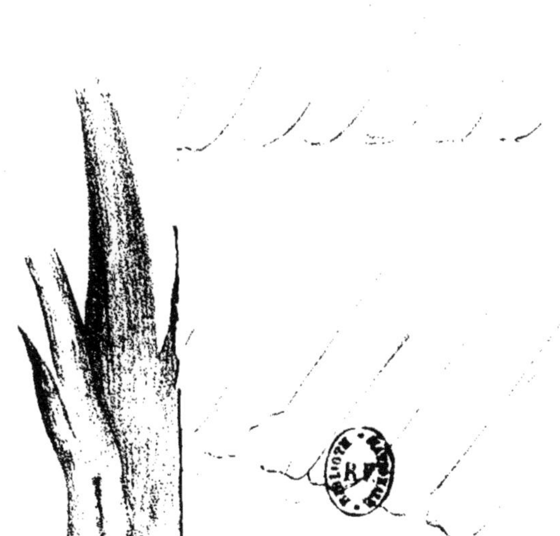

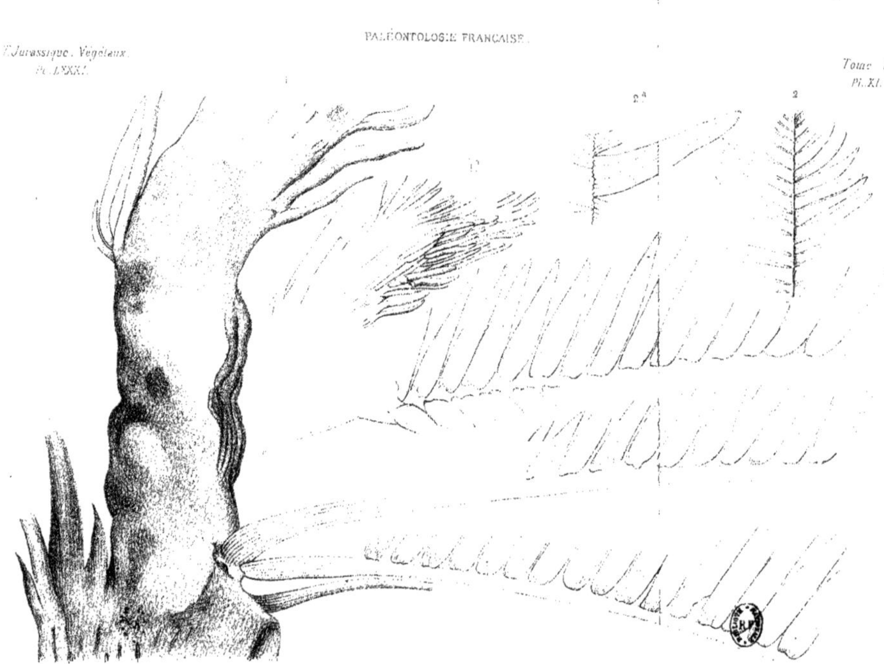

G. Masson éditeur

Imp. Becquet Paris.

1. Zamites gigas Morr.
2. Dioonites Brongniartii. Schenk.

Masson Edit. — Imp. Becquet Paris

Cycadites Lorteti Sap.

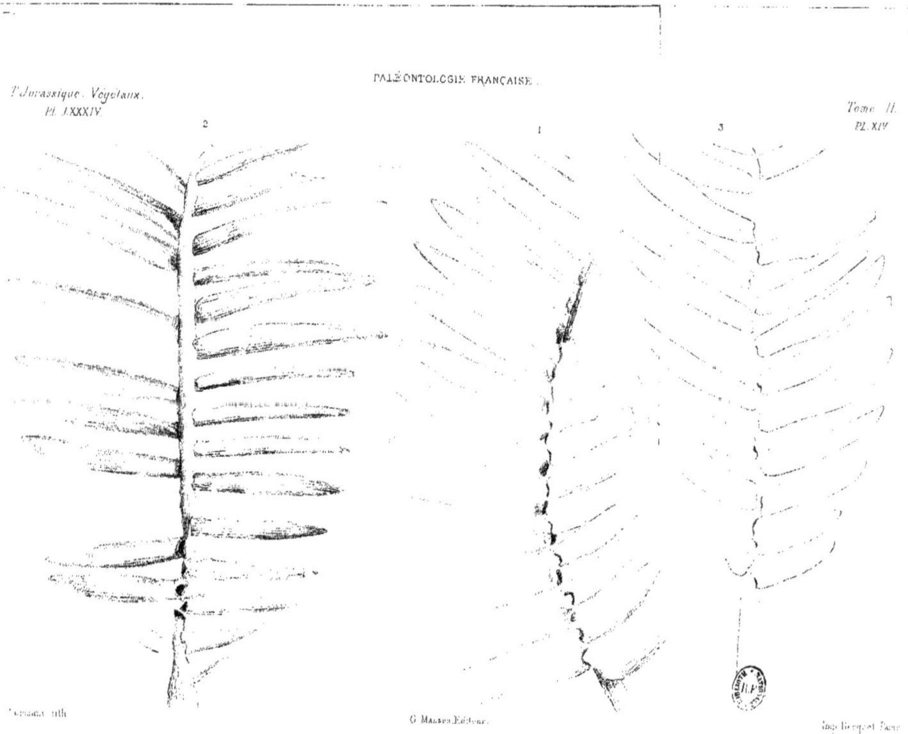

G. Masson, Éditeur.

Imp. Becquet, Paris

1-3. Zamites Moreaui, Brongn.

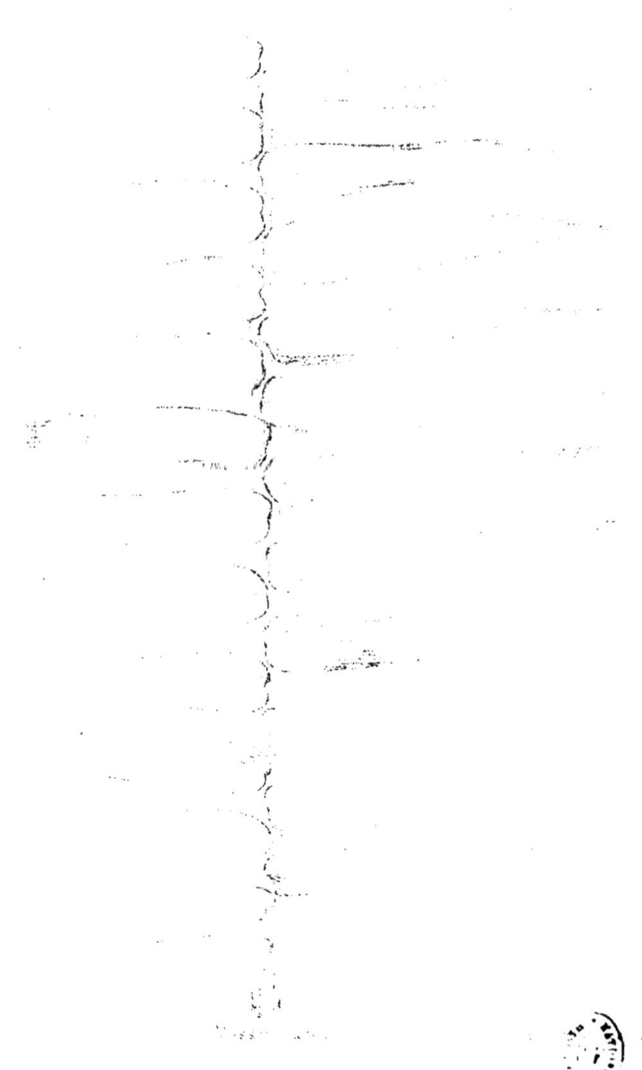

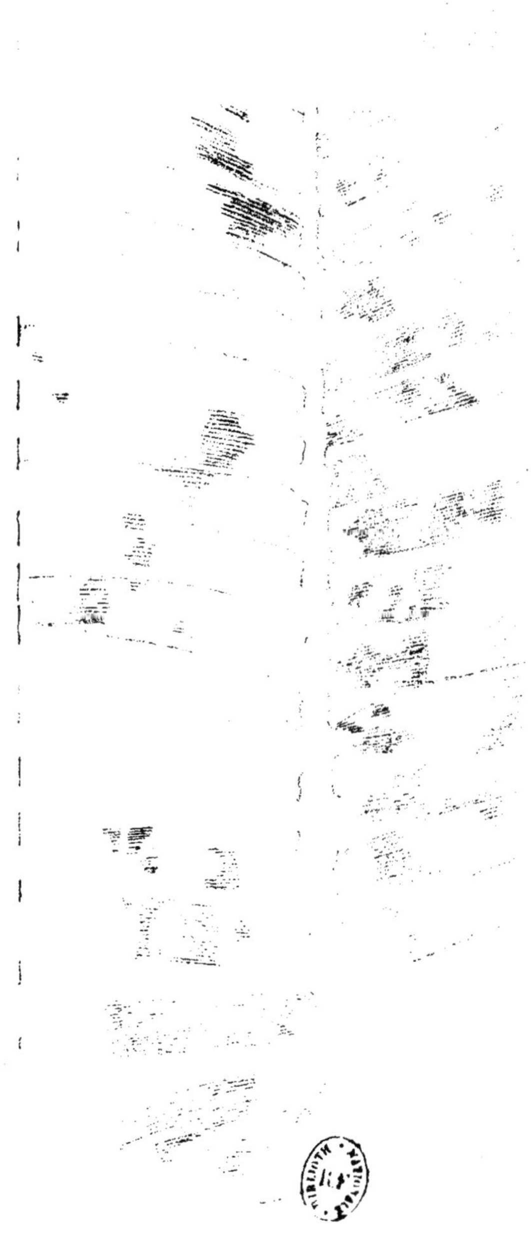

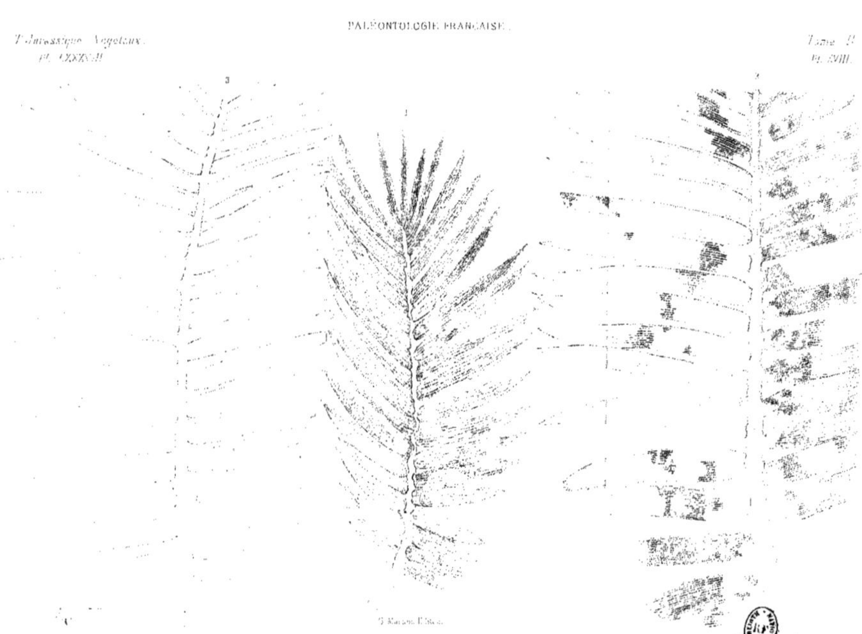

1, 3 Zamites Feneonis Brongn.

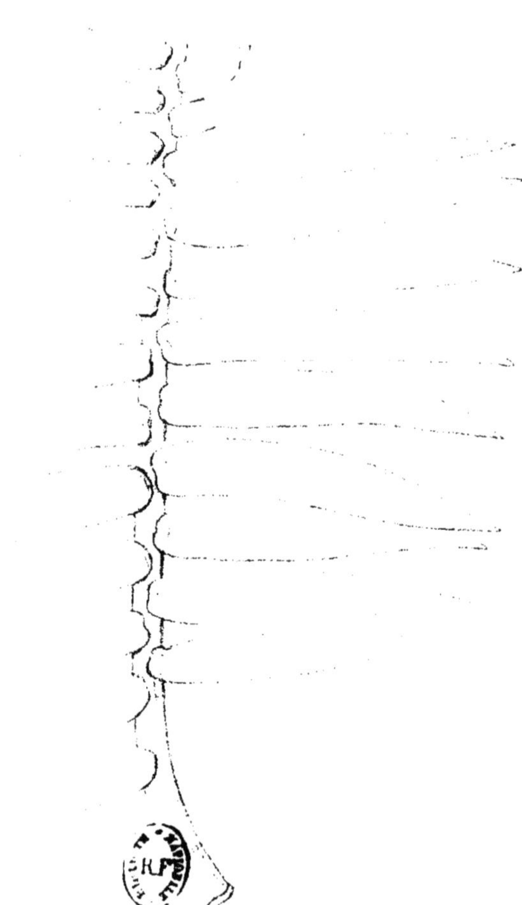

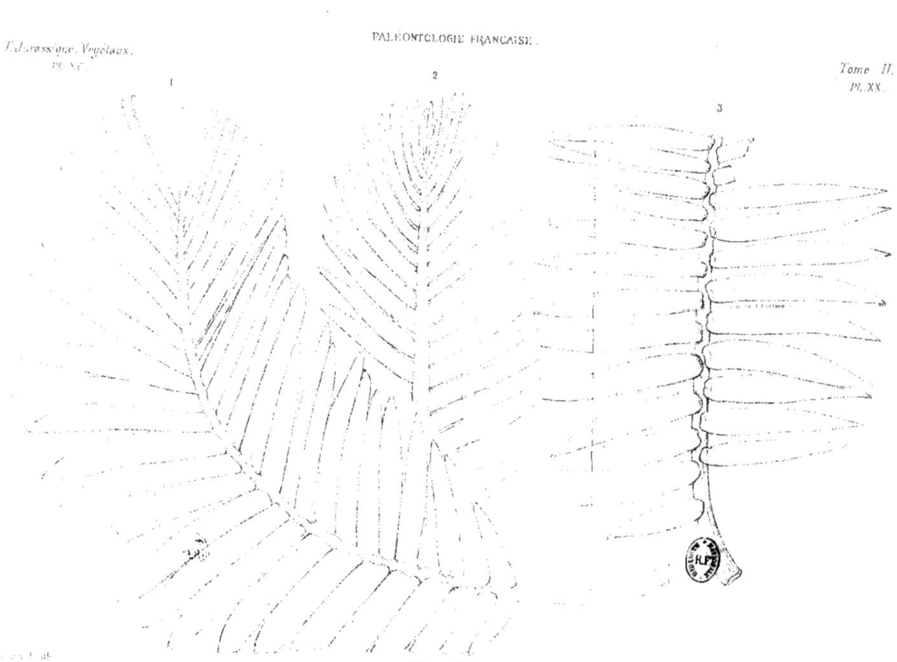

1. 2. Zamites Feneonis, Brongn.

3. Z. ―― Feneonis, var. [illegible] Sap.

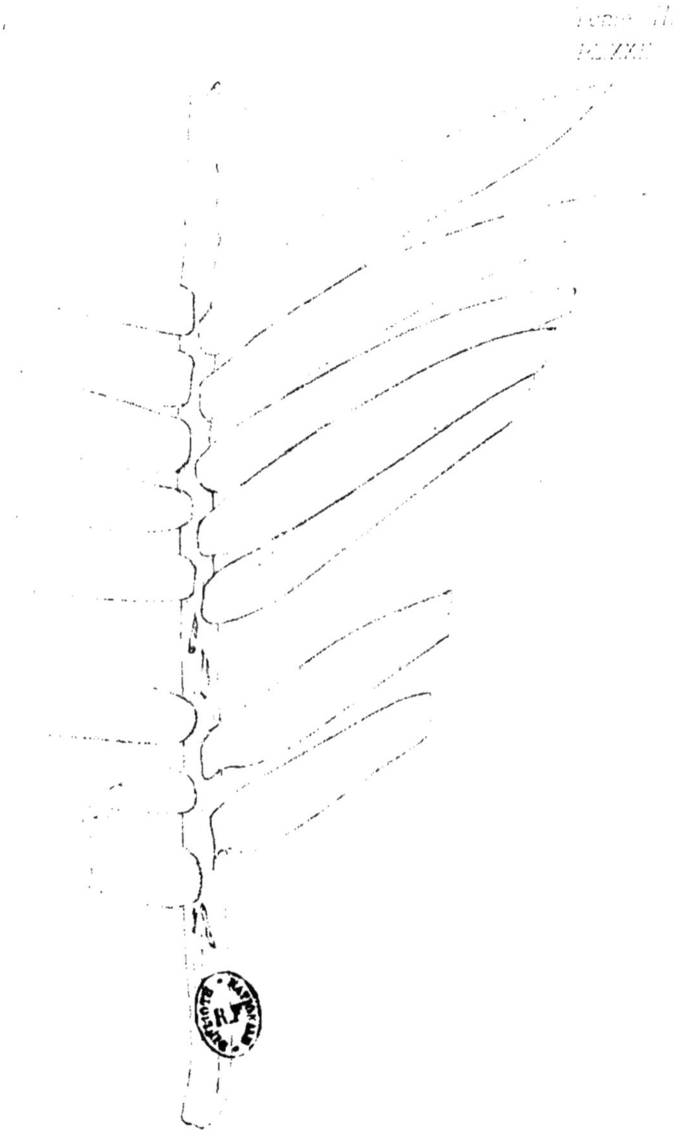

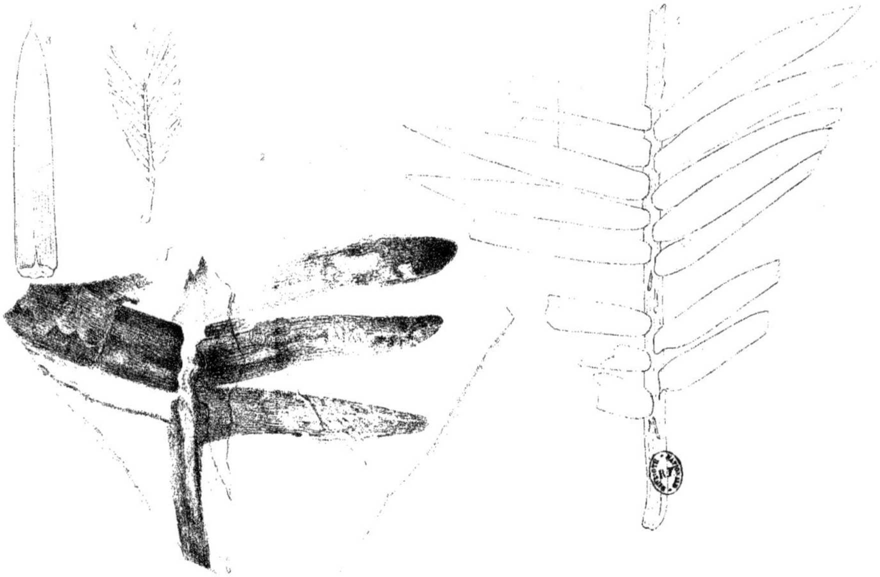

1. Zamites feneonis Var. articulatus, Sap. | 3. Podozamites cuspidatus, Sap.
2. ——— pecopteris, Sap.

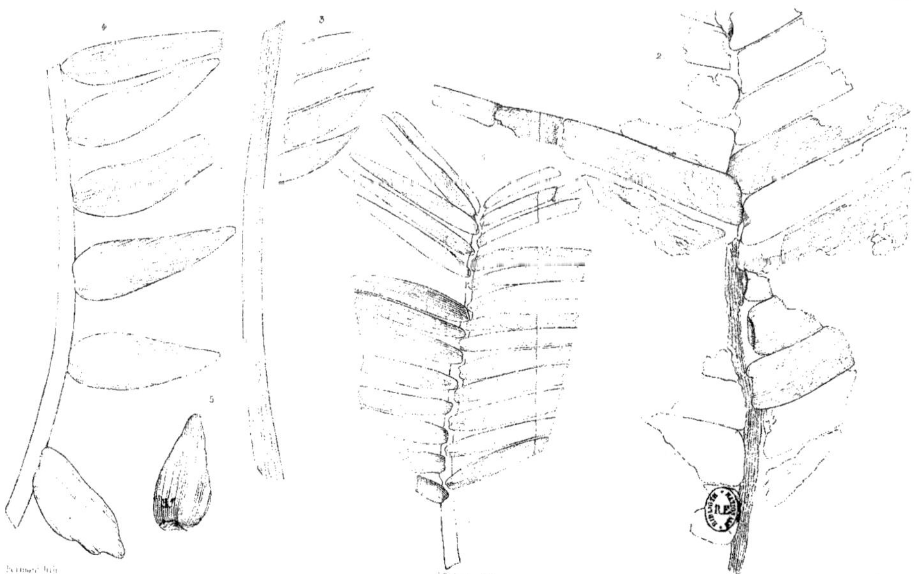

1. Zamites claravallensis, Sap. | 2. Zamites fallax, Sap.
3. — — Renevieri, Heer. | 4. — — distractus, Sap.

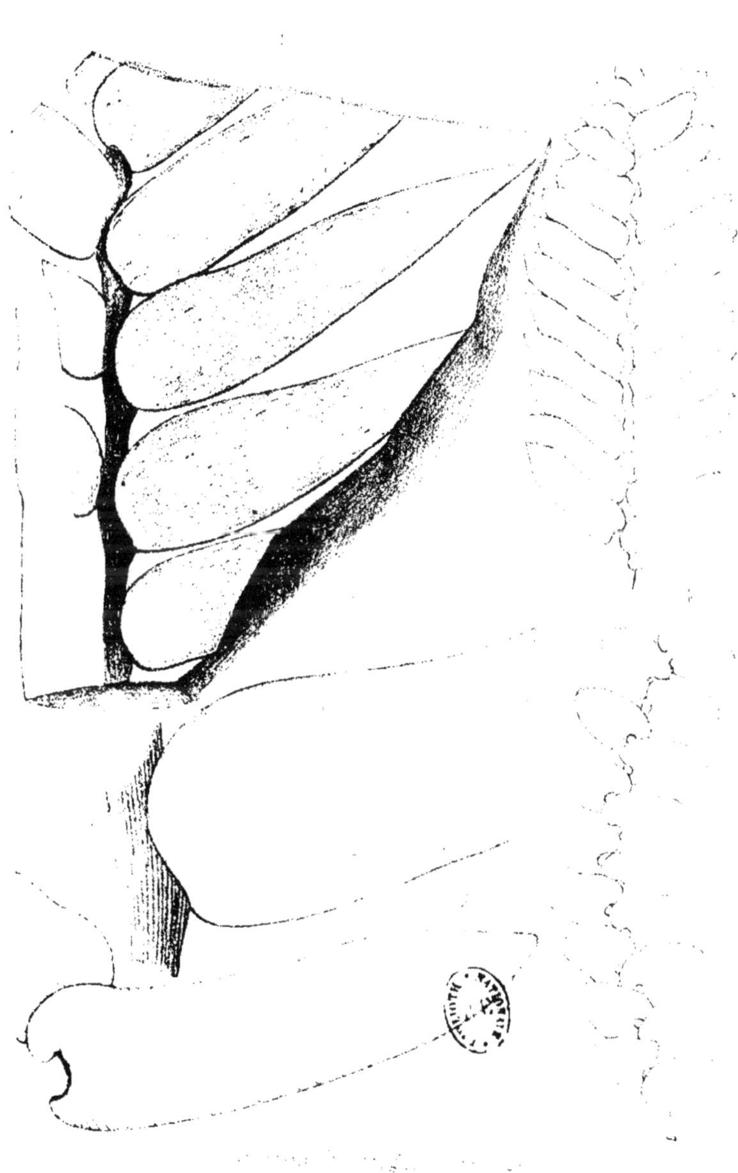

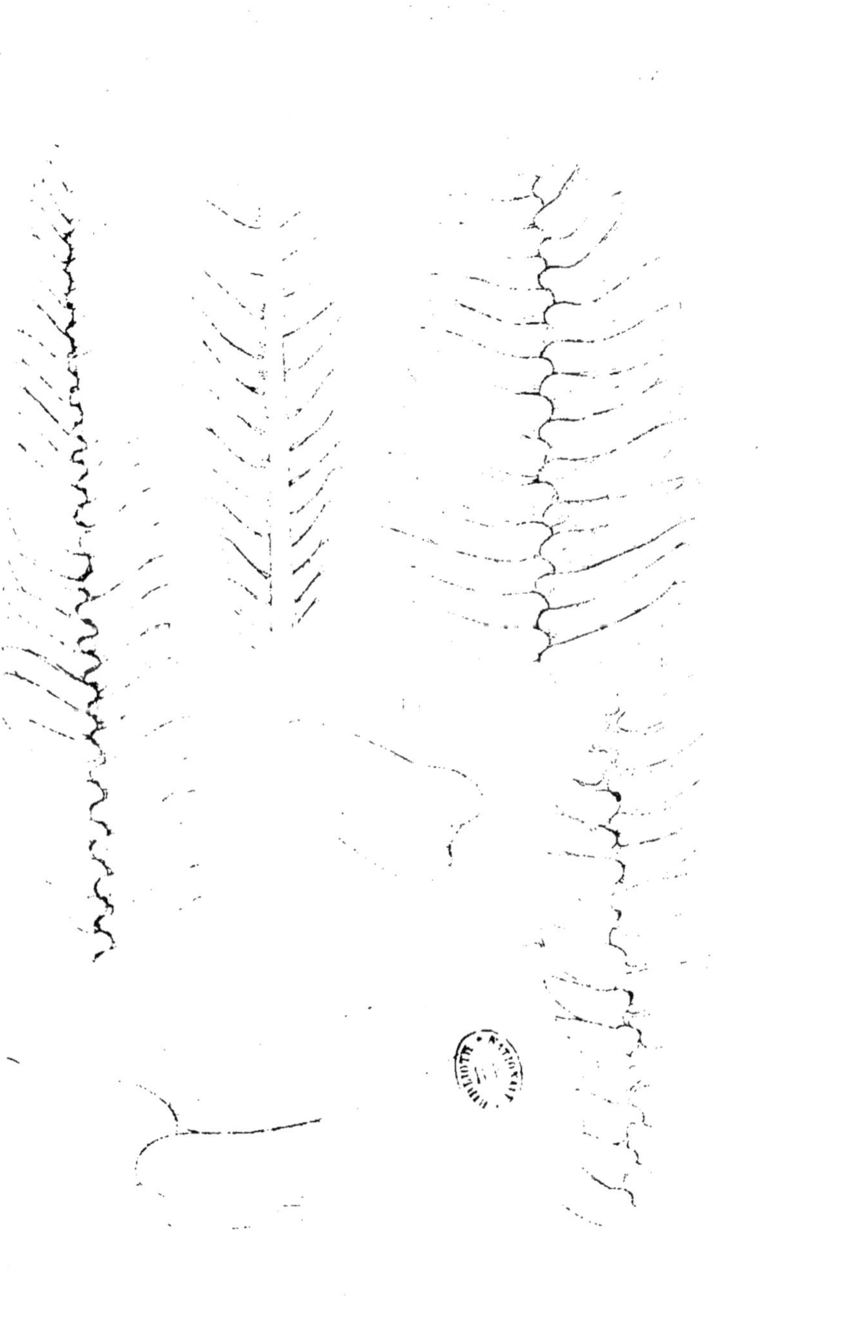

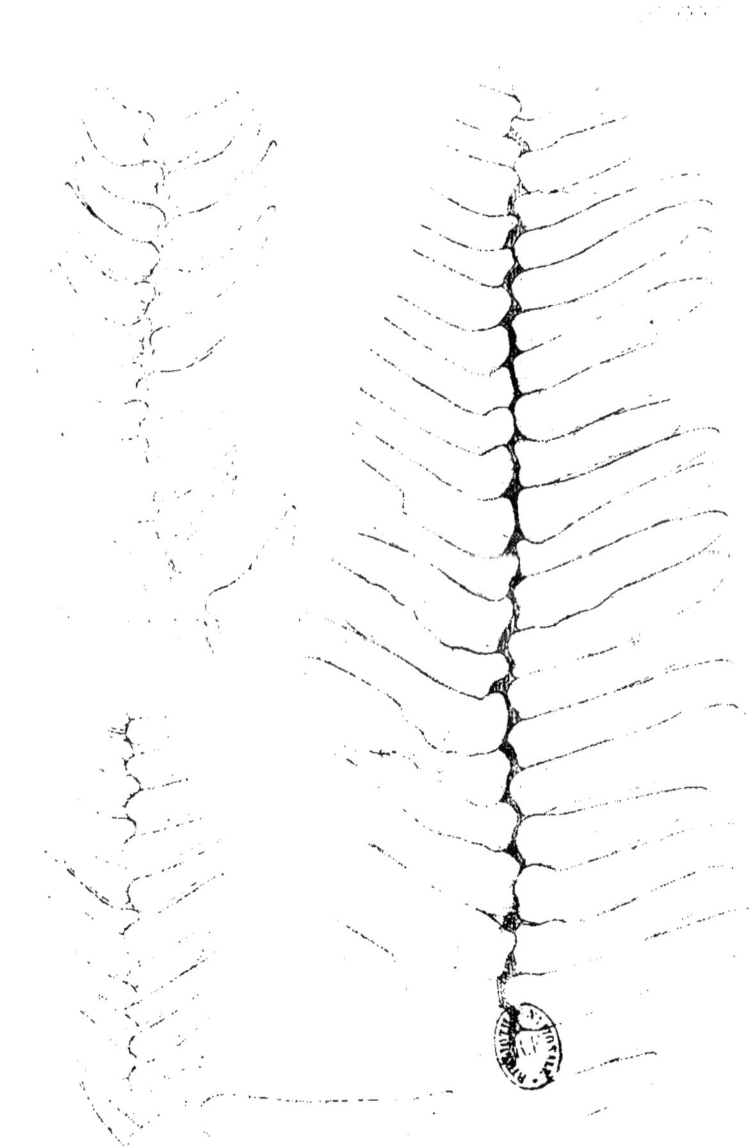

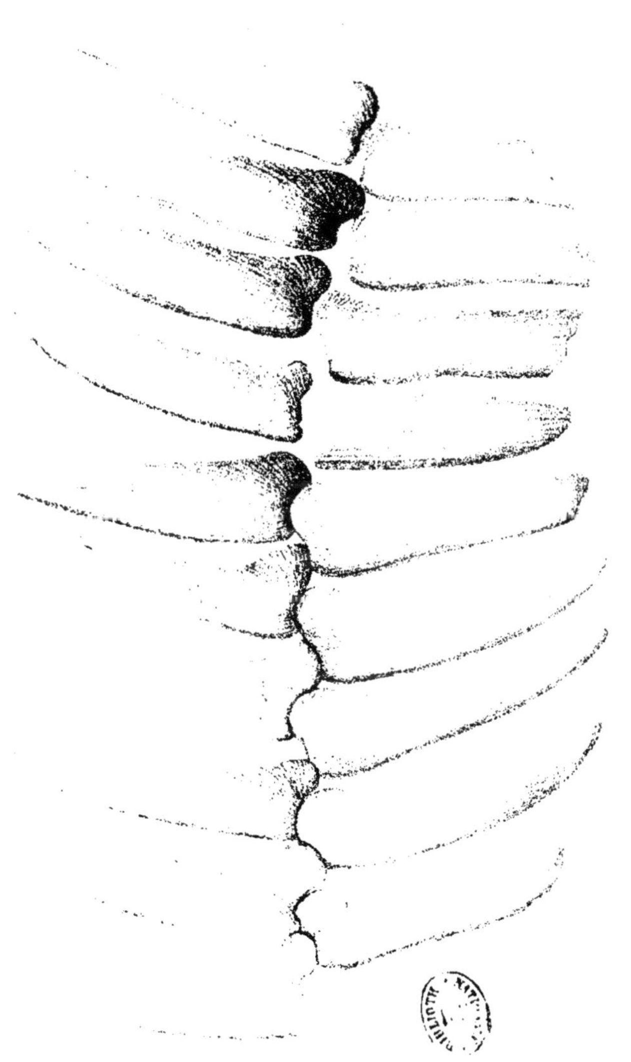

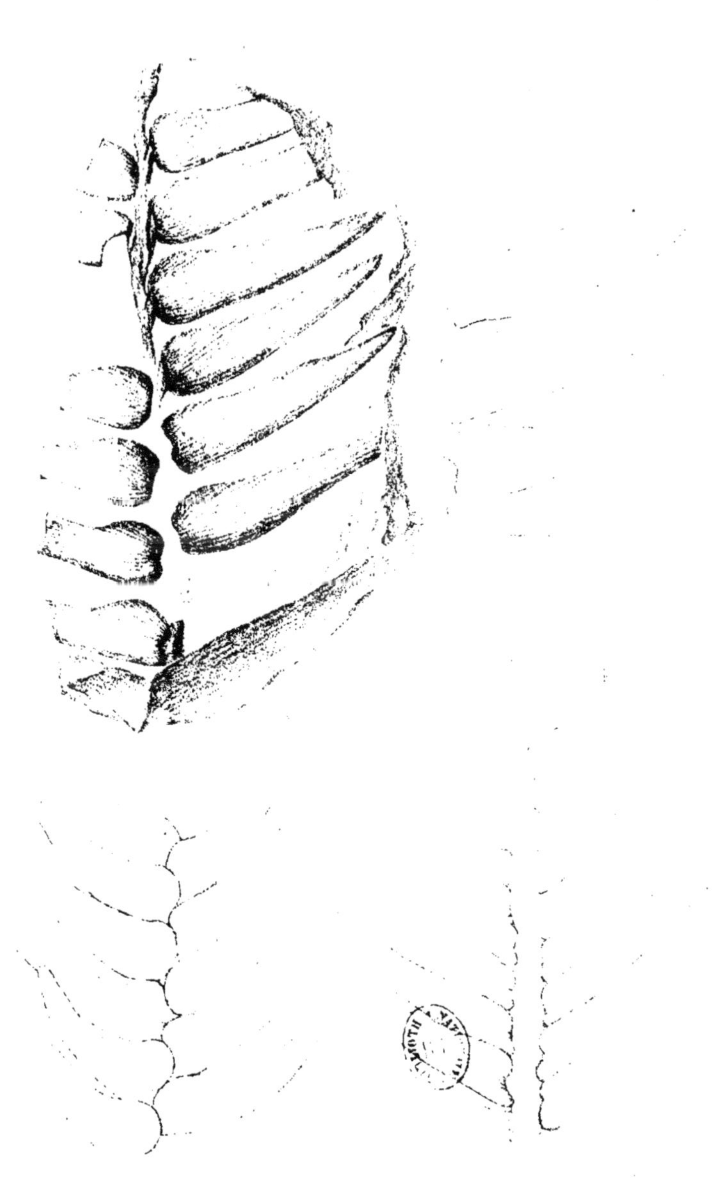

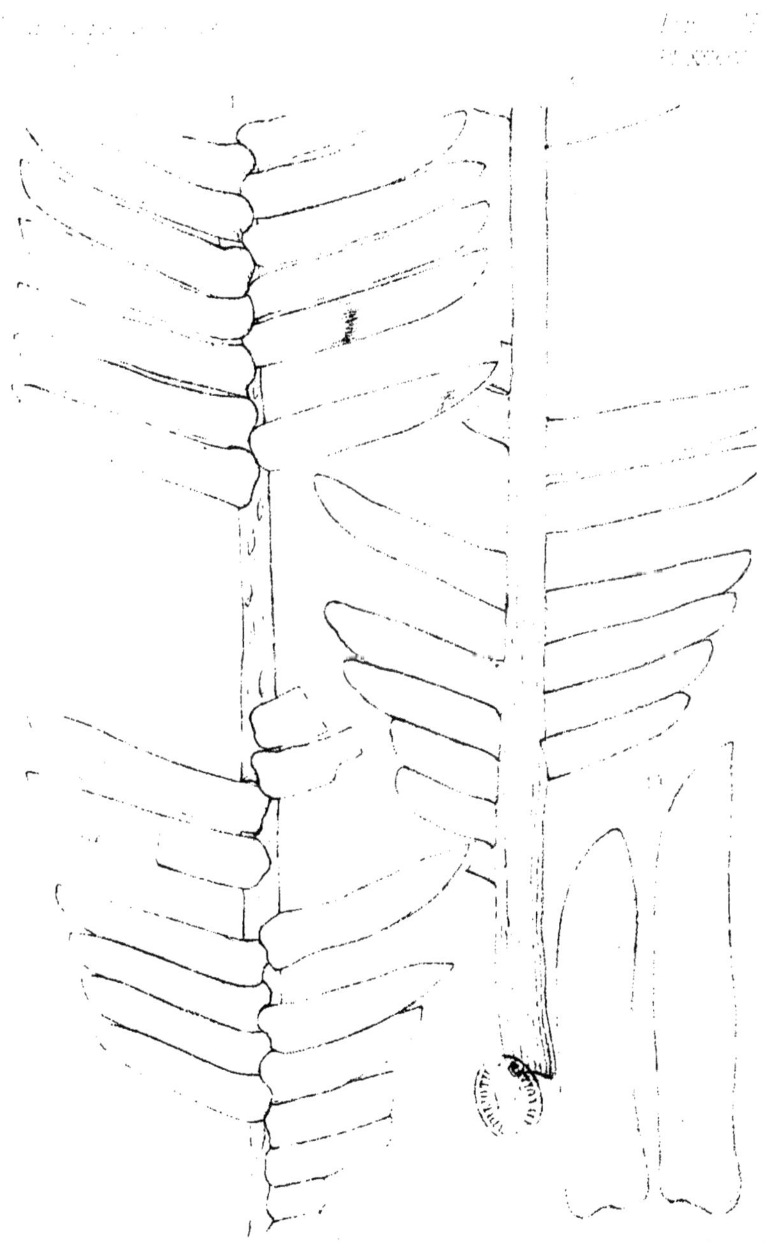

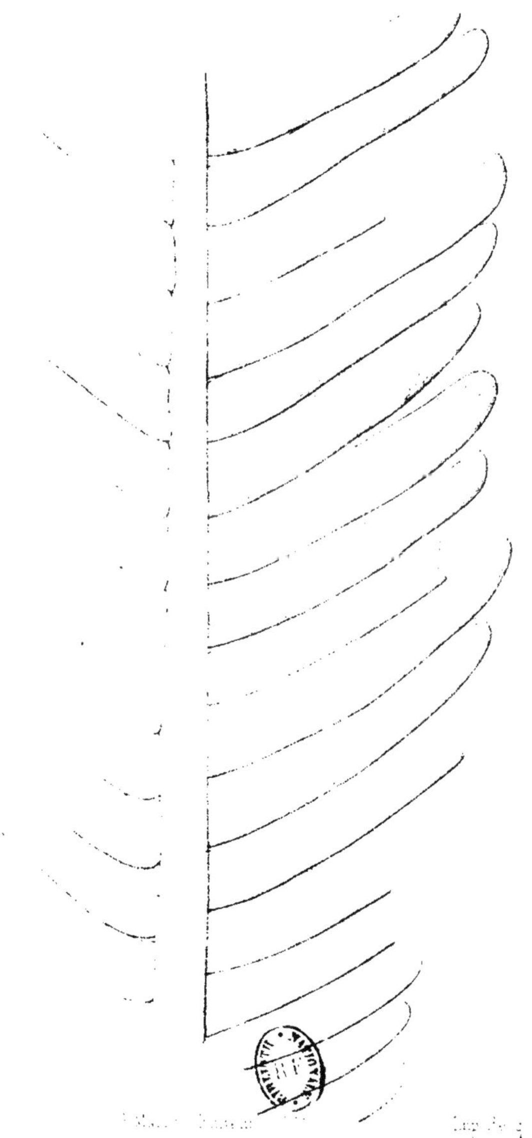

PALÉONTOLOGIE FRANÇAISE

[illegible] Végétaux
Pl. XVII

Tome II
Pl. XXXVII

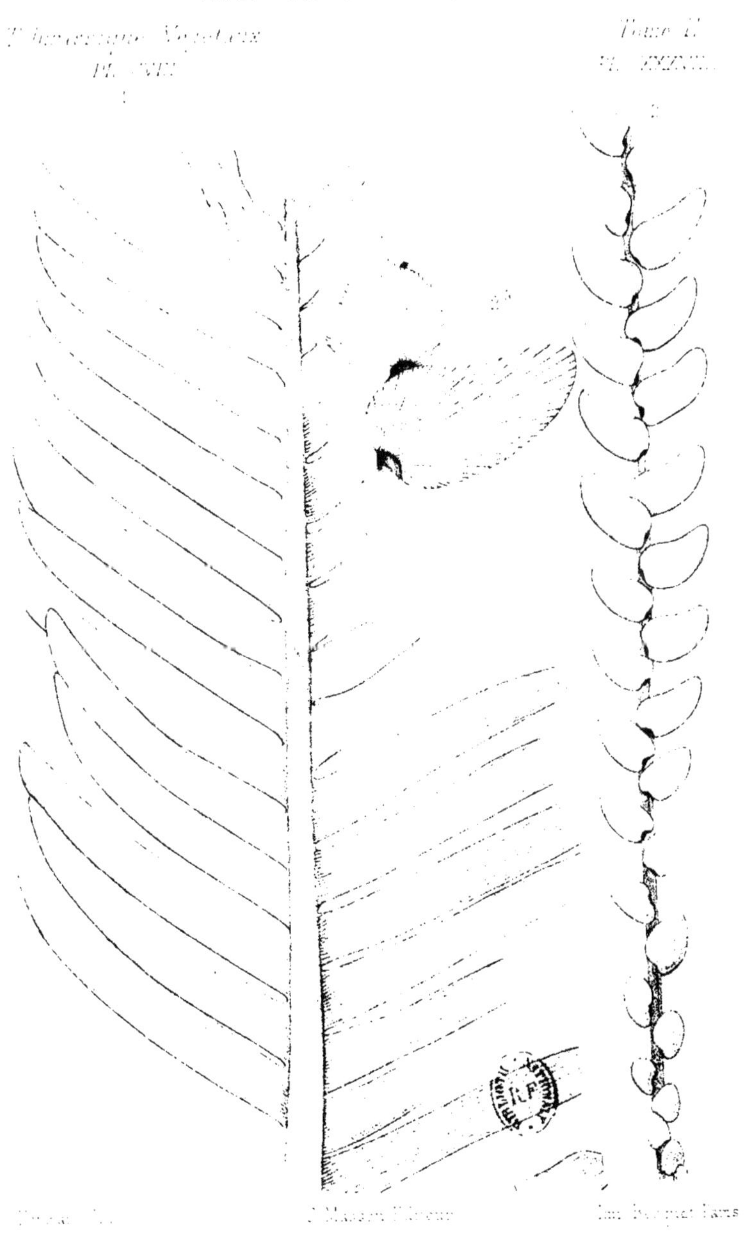

Imp. Becquet Paris

1. [illegible] pterophylloides Brongn.
2. [illegible] microphyllus Brongn.

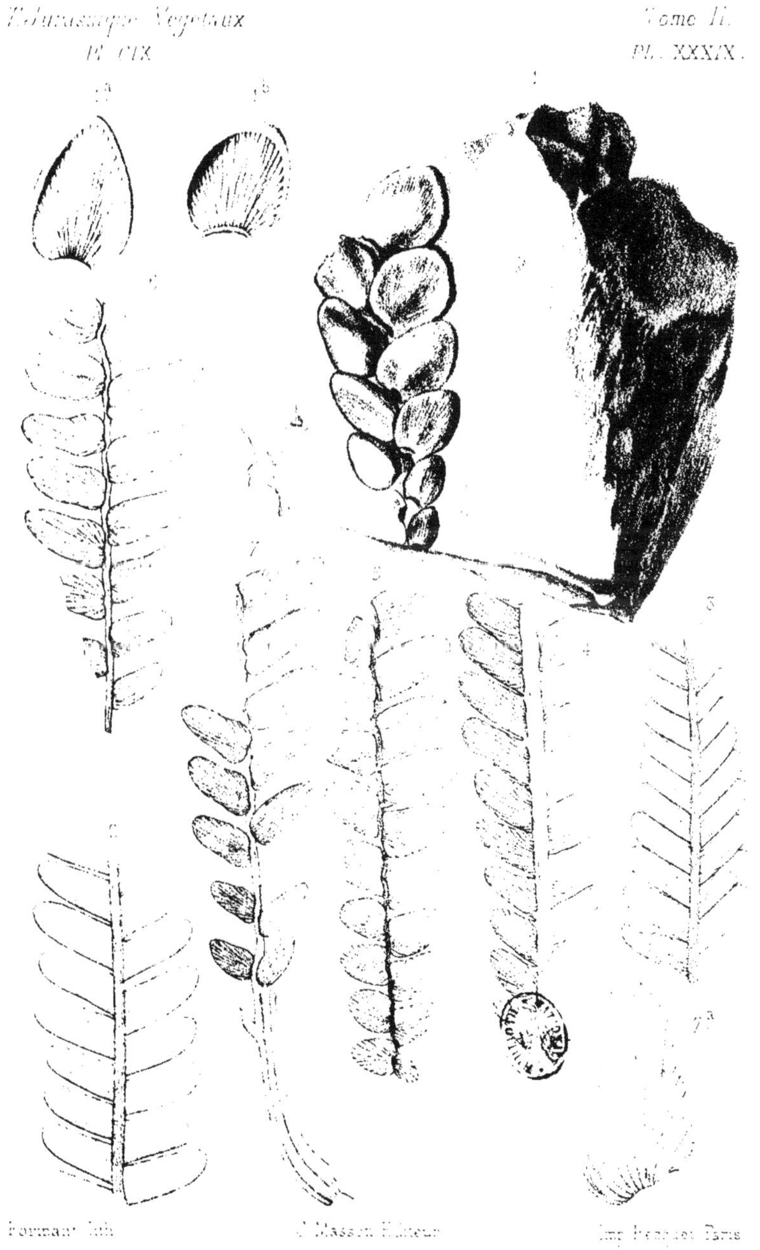

Formant lith. — G. Masson Éditeur — Imp. Becquet Paris

1. Otozamites marginatus Sap.
2. O. Reglei (Brongn.) Sap.

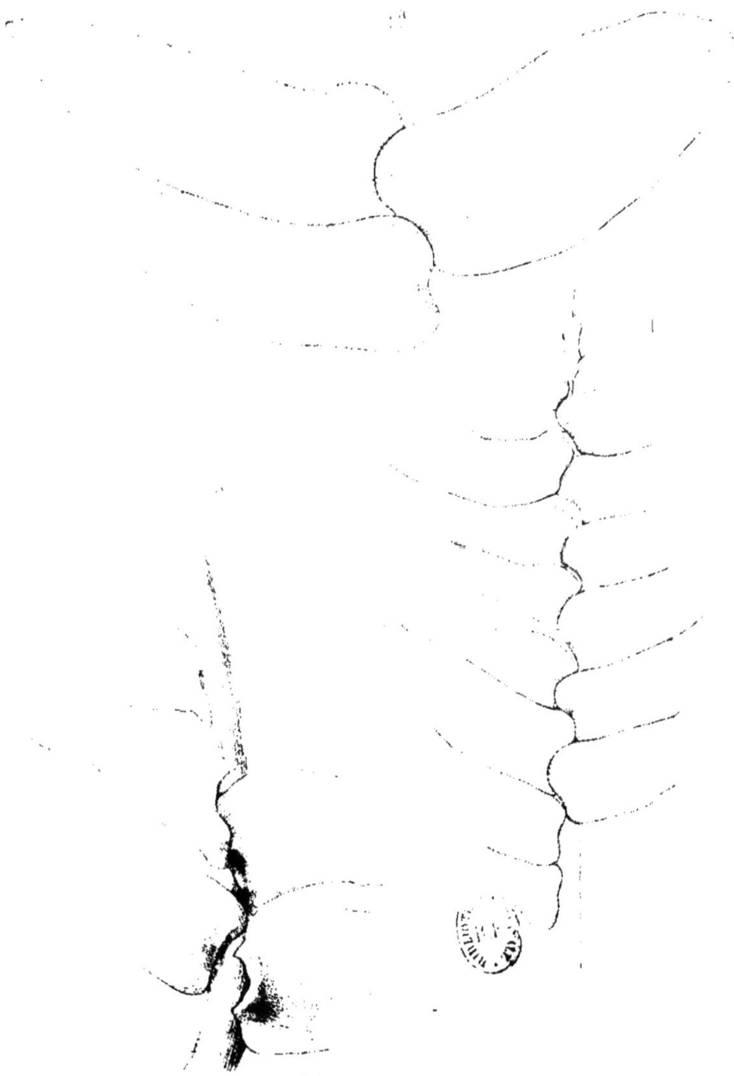

1 Otozamites decorus Sap.

2 Id. lagotis Brongn.

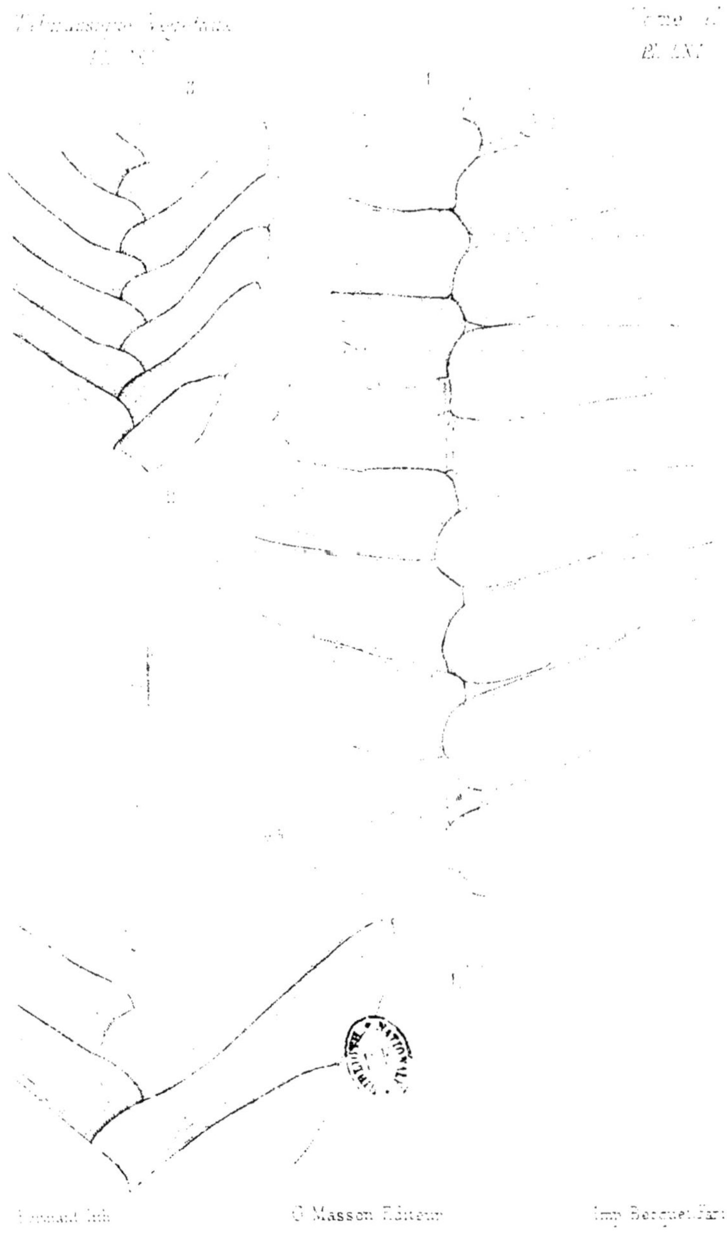

[illegible] lith. G. Masson Éditeur Imp. Becquet Paris

1. 2. Otozamites decorus Sap.
3. O. .... pterophylloides Brongn.

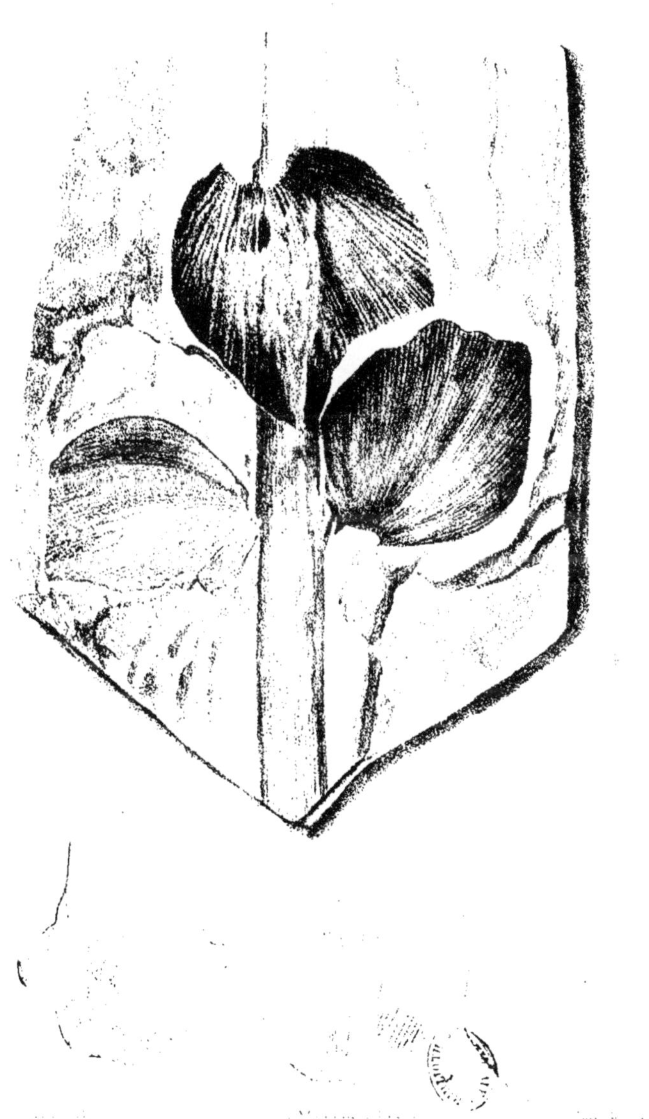

Imp. Becquet Paris.

Brongn. Sap.

Tome II

Pl. XLV

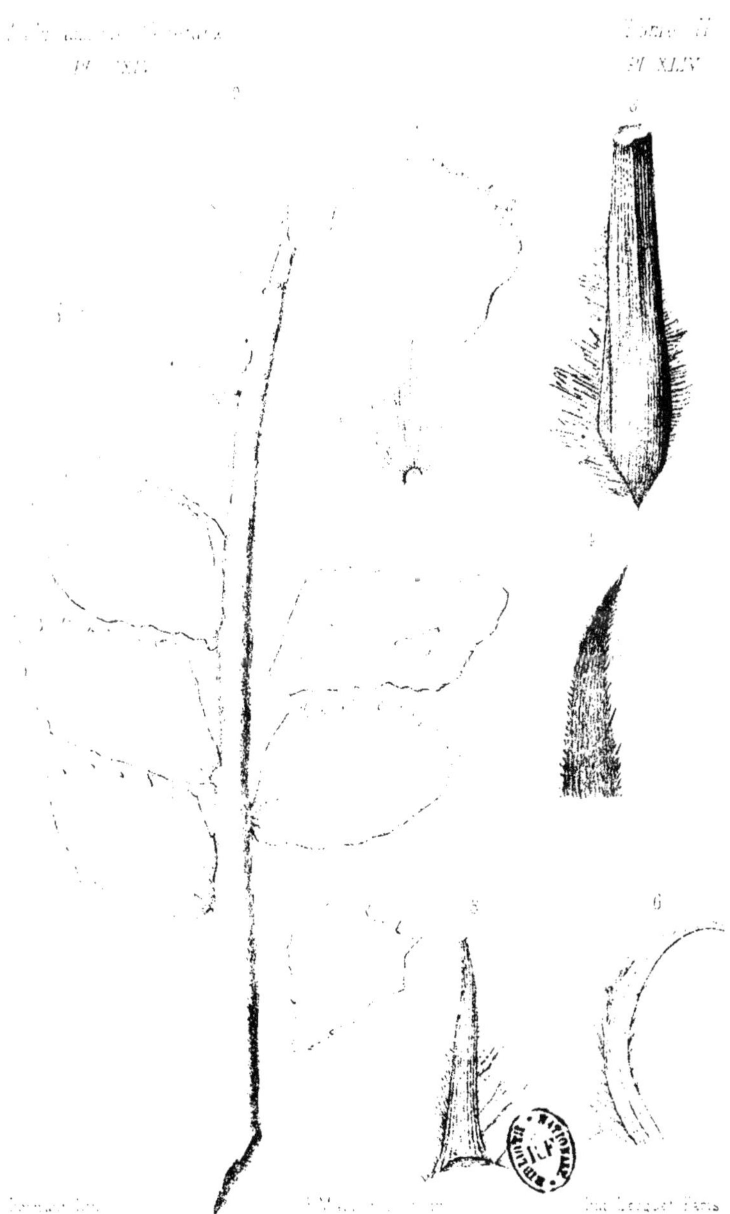

villosa Sap.

hirta Sap.

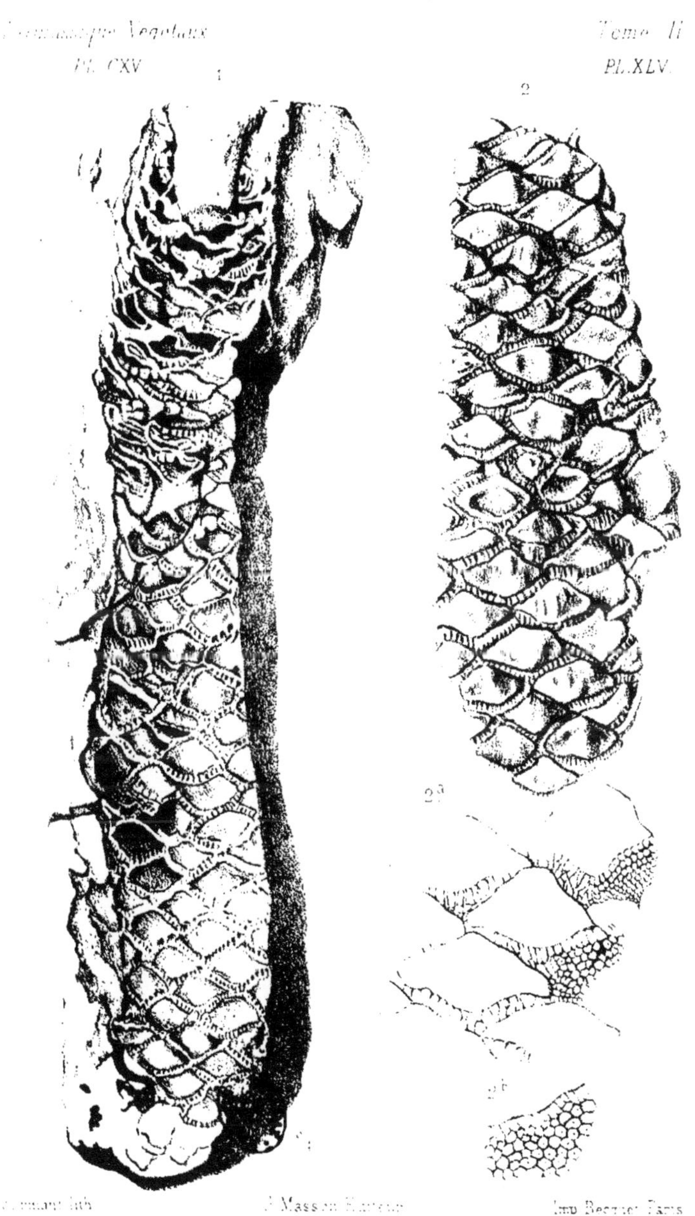

Humbert lith — J. Masson Éditeur — Imp. Becquet Paris

1. 2. Androstrobus Balduini. Sap.

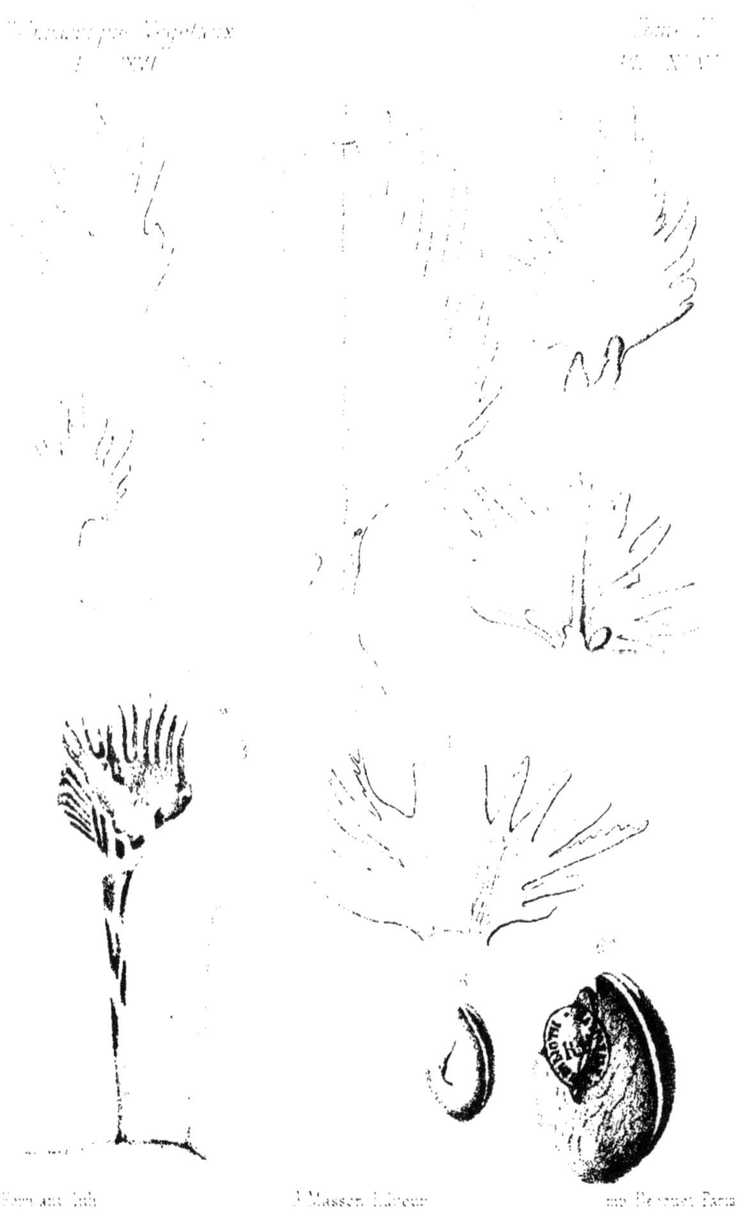

J. Masson, Éditeur — Imp. Becquet, Paris

1-5. Cycadeospadix Hennoquei. Schimp.
6. Cycadeospermum hettangense. Schimp. & Sap.
7-8. Cycadeospadix Moræanus. Schimp.

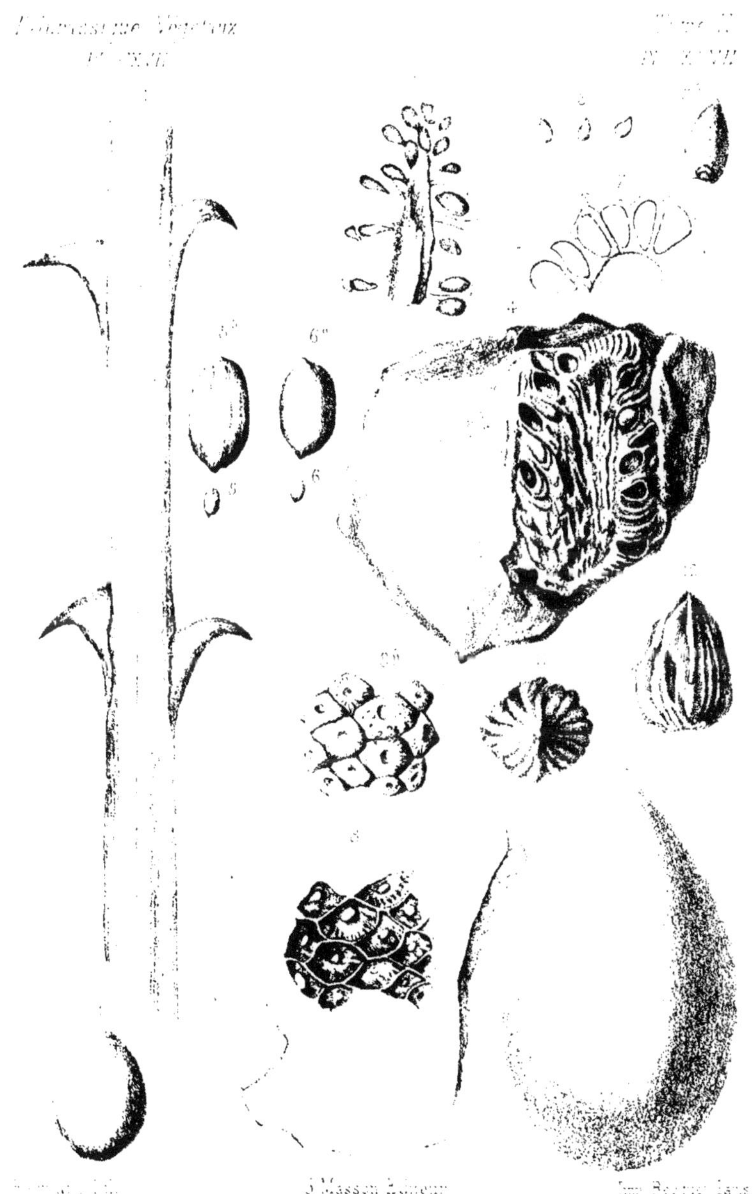

G. Masson Éditeur — Imp. Becquet Paris

1 Cycadorachis armatus Sap. | 9 Cycadeospermum Pomelii Sap.
2-7 Zamiostrobus Pomelii Sap. | 10 ___ ___ ...nensis Sap.
8 ___ index Sap. | 11 12 ___ ___ Schlumbergeri Sap.

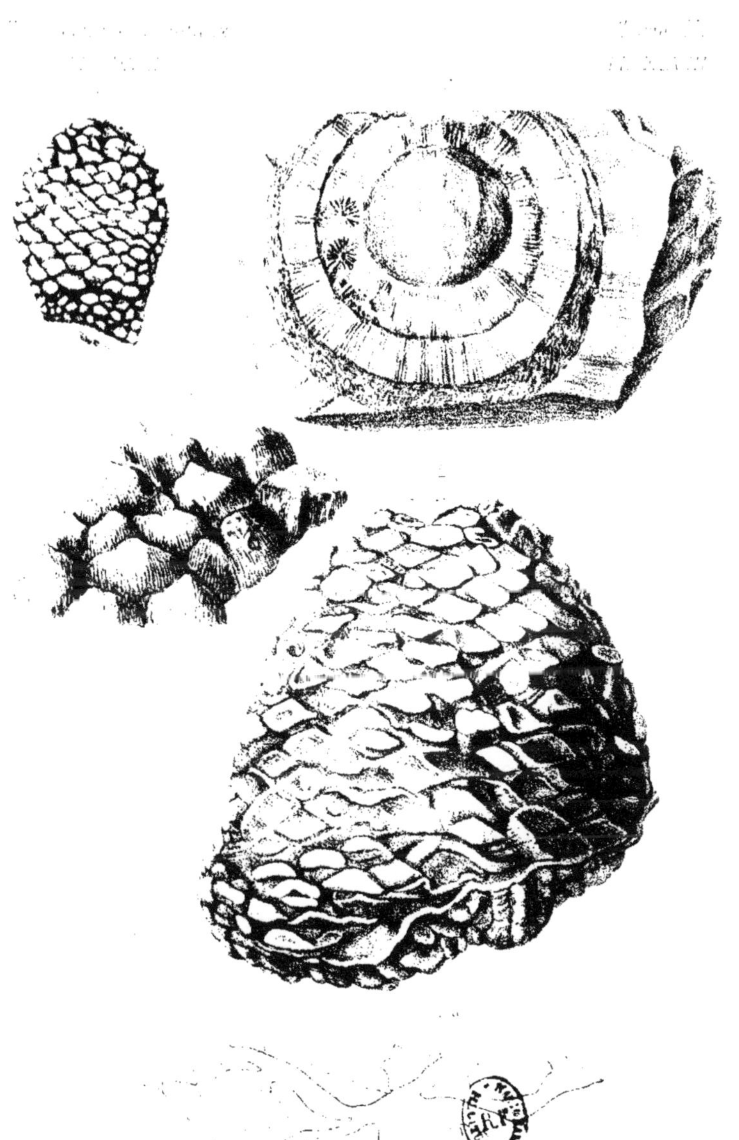

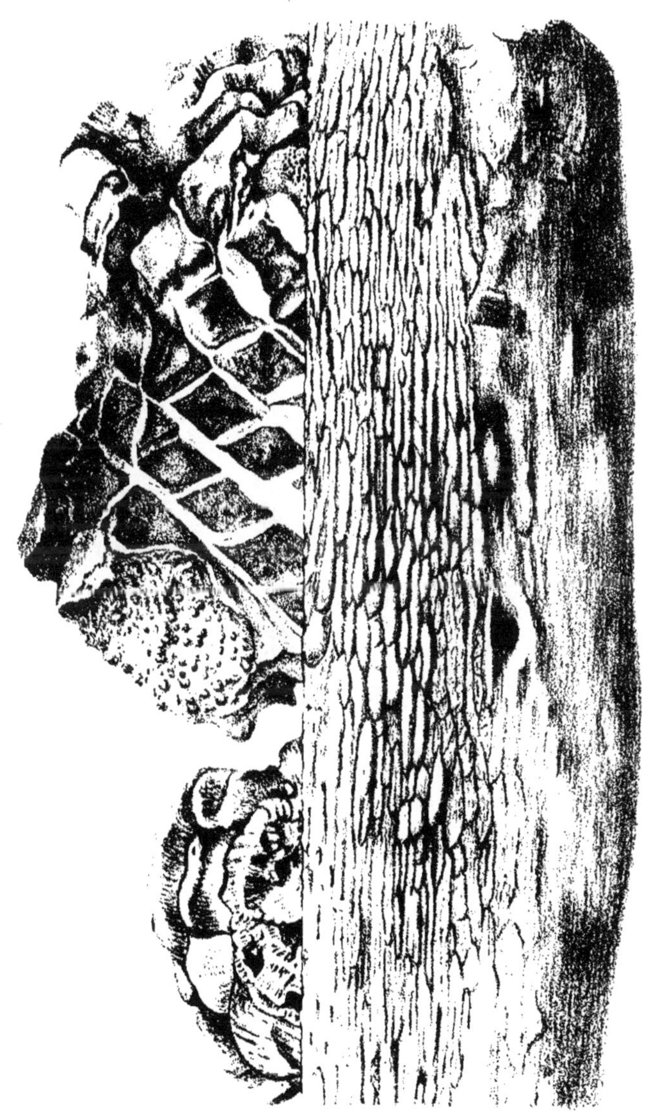

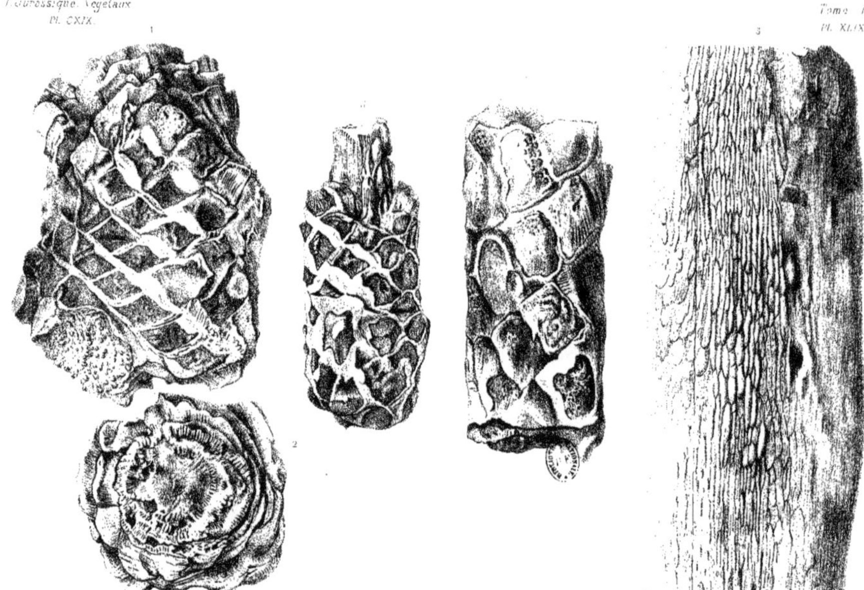

Masson Éditeur

1. 2. Cylindropodium liasinum, (Schimp.) Sap. | 4. Cylindropodium Deshayesi, Sap.
3. C. —— gracile. (Pom.) Sap. | 5. Cycadomyelon hettangense. Sap.

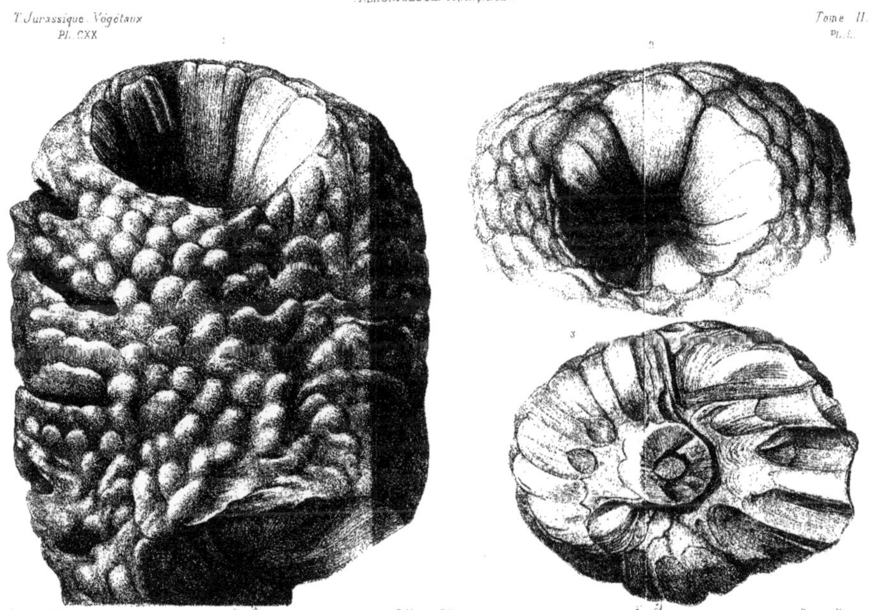

G. Masson, Éditeur.

Platylepis micromyela. (Morière) Sap.

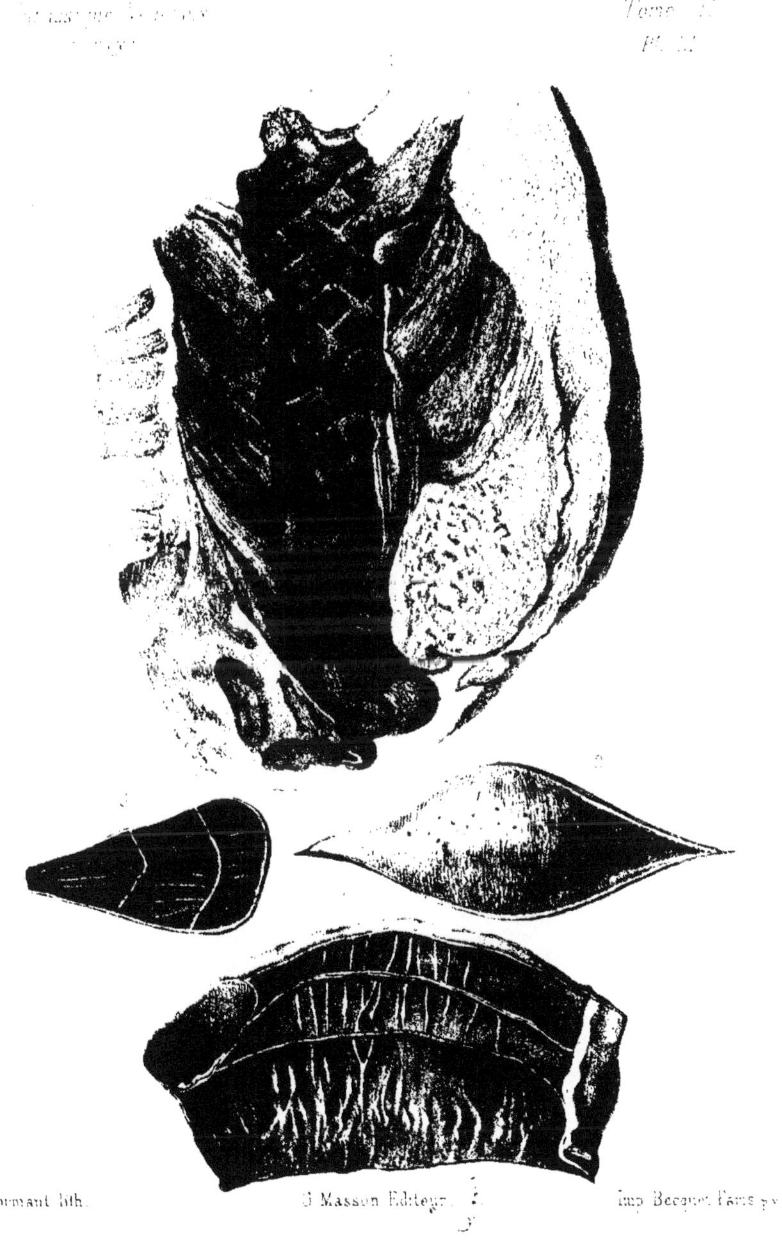

ormant lith. G Masson Editeur. Imp Becquet Paris

1. Platylepis impressa Sap

2 – 4 Encephalartos Altensteini Lehm [illegible]

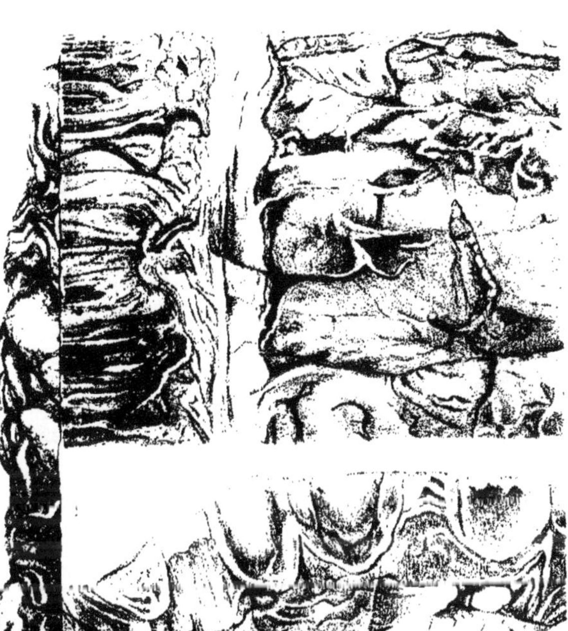

T. Jura

Tome II.
Pl. LII.

3

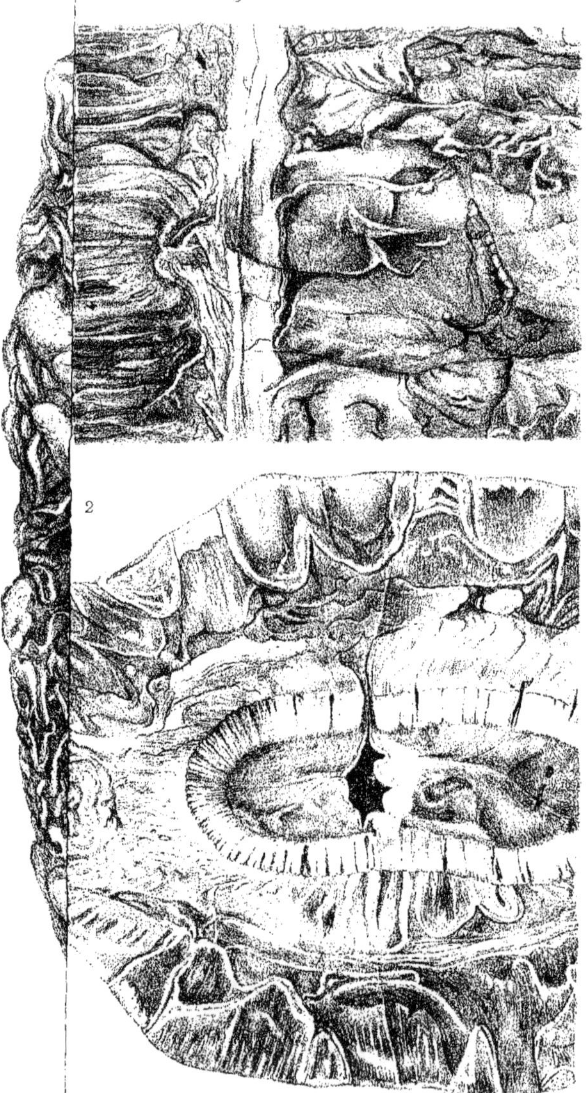

2

Formant

Imp. Becquet, Paris.

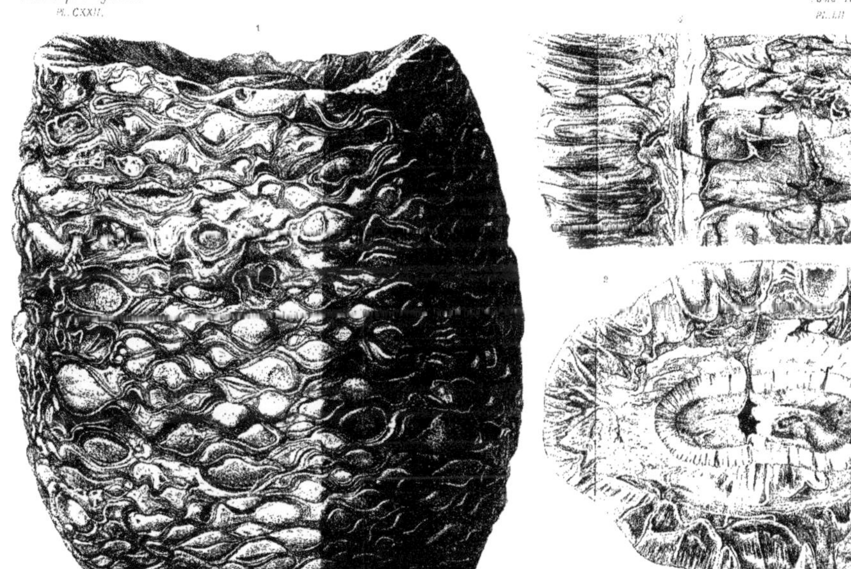

G. Masson Éditeur.

Imp. Becquet, Paris.

1_3. Clathropodium Trigeri, Sap.

Tome II.
Pl. LIII.

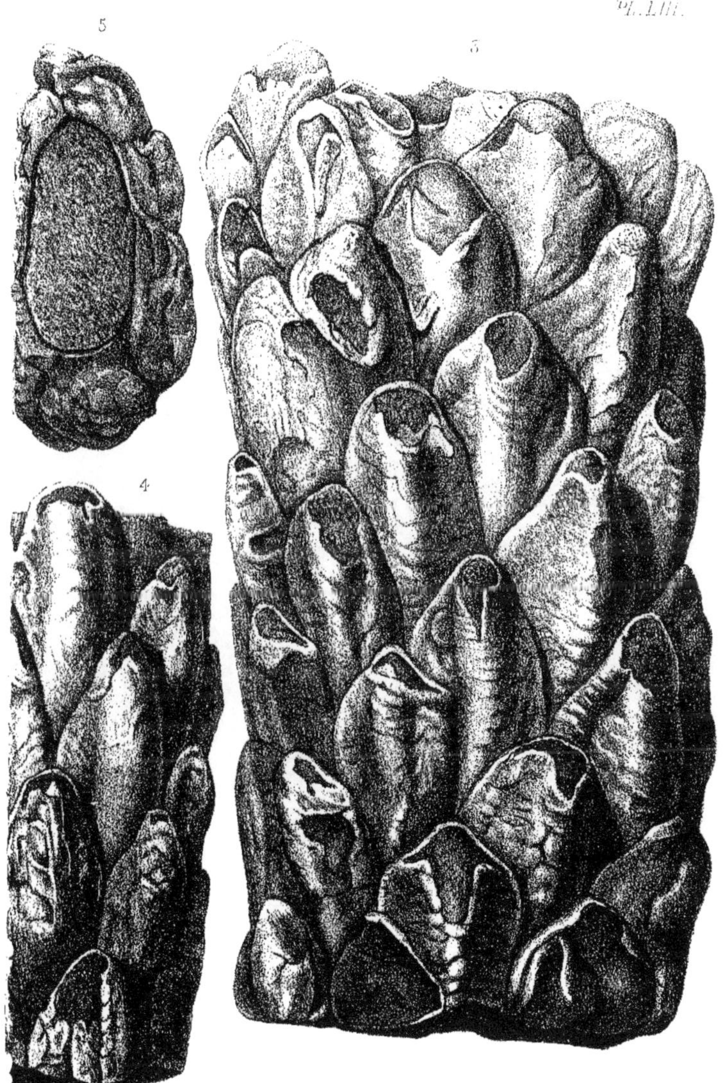

Imp. Becquet, Paris.

ense, Sap.
Morière) Sap.

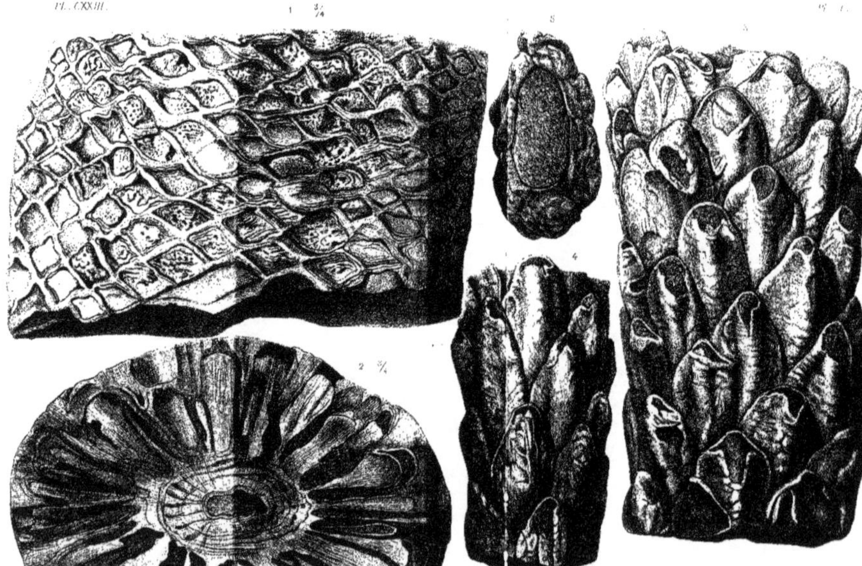

G. Masson, Éditeur

Clathropodium sarlatense, Sap.
Vittonia Brongniartii, (Mulder) Sap.

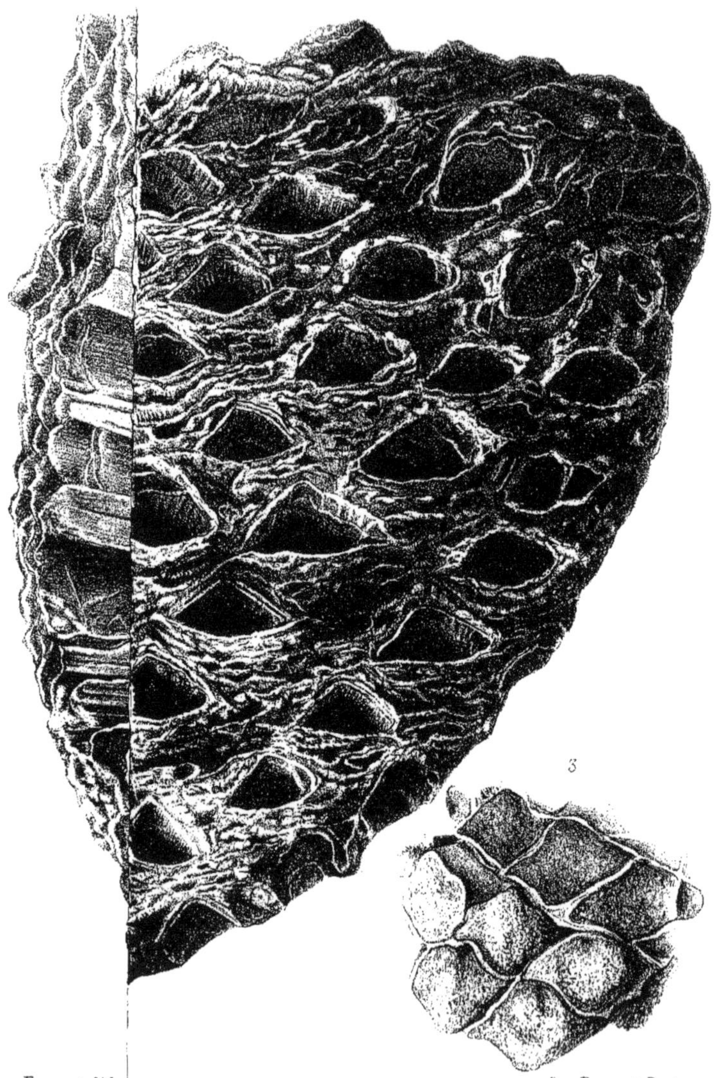

Formant lith.

Imp. Becquet, Paris.

Sap.

Formant lith. G. Masson Editeur. Imp. Becquet. Paris. pr

1 ... 2. Clathropodium foratum. Sap.

3 ... 4. Cylindropodium liasinum, (Schimp.) Sap.

T. J

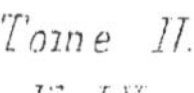

Tome II.
Pl. IV.

3

Form

Imp. Becquet. Paris.

Fournant lith. G. Masson Éditeur. Imp. Becquet, Paris.

1-3. Fittonia insignis, Sap.
4. F. —— squamata, Carr.

T.

Tome II.
Pl. LVI.

2

F

Imp. Becquet, Paris.

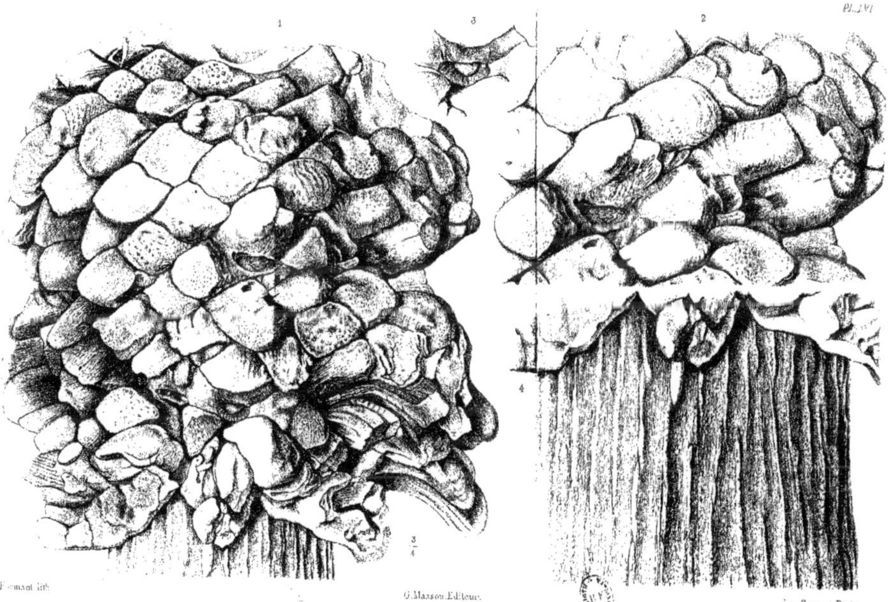

1

3

2

4

3/4

Fremont lith.

G. Masson Editeur.

Imp Becquet, Paris.

1-4. Fittonia insignis. Sap.

AISE.

Tome II.
Pl. LVII.

Imp. Becquet Paris.

xi, Sap.

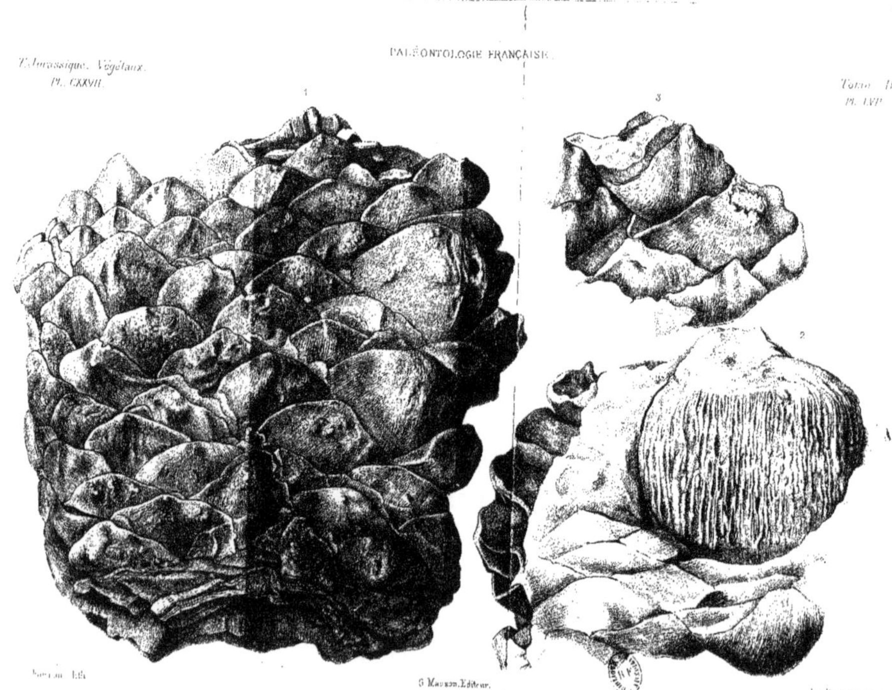

1–3. Fittonia Rigauxi, Sap.

2

1

Formant lith. G. Masson, Editeur. Imp. Becquet, Paris. p.v.

1. Bucklandia anomala, Presl.
2. Cycas revoluta, L. (Appendices corticaux.)

911

PALÉONTOLOGIE FRANÇAISE

OU

DESCRIPTION

DES FOSSILES DE LA FRANCE

continuée

PAR UNE RÉUNION DE PALÉONTOLOGISTES

SOUS

LA DIRECTION D'UN COMITÉ SPÉCIAL

2e Série. — VÉGÉTAUX

TERRAIN JURASSIQUE

LIVRAISON 11

CYCADÉES

PAR M. LE COMTE DE SAPORTA

TEXTE, feuilles 1 à 3 du tome II
PLANCHES 1 à 8 du tome II
Juin 1873

PARIS

G. MASSON, ÉDITEUR

LIBRAIRE DE L'ACADÉMIE DE MÉDECINE

17, Place de l'École-de-Médecine

CONDITIONS DE LA SOUSCRIPTION

La **PALÉONTOLOGIE FRANÇAISE** paraît en deux séries publiées simultanément.

Première série. — Animaux invertébrés.
Deuxième série. — Végétaux.

La première série comprend

PARTIES PUBLIÉES PAR ALC. D'ORBIGNY.

TERRAIN CRÉTACÉ.

CÉPHALOPODES, 1 vol. de texte, avec atlas de 150 pl........ 48 fr.
GASTÉROPODES, 1 vol. de texte, avec atlas de 91 pl......... 30 fr.
LAMELLIBRANCHES, 1 vol. de texte, avec atlas de 257 pl...... 80 fr.
BRACHIOPODES, 1 vol. de texte, avec atlas de 111 pl......... 35 fr.
BRYOZOAIRES, 1 vol. de texte, avec atlas de 202 pl.......... 65 fr.
ÉCHINIDES IRRÉGULIERS, 1 vol. de texte, avec atlas de 207 pl.. 67 fr.

Ensemble : 6 volumes de texte et 6 atlas comprenant 1,018 planches. Prix. . . . . 325 fr.

TERRAIN JURASSIQUE.

CÉPHALOPODES, 1 vol. de texte, avec atlas de 234 pl......... 75 fr.
GASTÉROPODES, 1 vol. de texte, avec atlas de 198 pl......... 65 fr.

Ensemble : 2 volumes de texte et 2 atlas ensemble de 432 planches. Prix. . . . . 140 fr.

PARTIES PUBLIÉES SOUS LA DIRECTION DU COMITÉ :

VOLUME TERMINÉ

TERRAIN CRÉTACÉ, TOME VII. *Echinides II*, par M. COTTEAU, avec un atlas de 200 planches................................ 102 fr.

VOLUMES EN COURS DE PUBLICATION.

TERRAIN CRÉTACÉ. *Zoophytes*, par M. DE FROMENTEL.
TERRAIN JURASSIQUE. *Brachiopodes*, M. DESLONGCHAMPS.
— *Gastéropodes*, par M. PIETTE.
— *Zoophytes*, par MM. DE FROMENTEL et FERRY.
— *Echinodermes*, par M. COTTEAU.

La deuxième série comprend :

TERRAIN JURASSIQUE : *Algues*, par M. le comte DE SAPORTA.

La première série paraît par livraisons de 12 planches, avec le texte correspondant.

La deuxième série paraît par livraisons de 8 planches tirées à deux teintes, avec le texte correspondant.

PRIX DE LA LIVRAISON. . . 6 FRANCS.

CORBEIL. — Typ. et stér. de CRETE FILS.

PALÉONTOLOGIE FRANÇAISE

OU

DESCRIPTION

DES FOSSILES DE LA FRANCE

continuée

PAR UNE RÉUNION DE PALÉONTOLOGISTES

SOUS

LA DIRECTION D'UN COMITÉ SPÉCIAL

2e Série. — VÉGÉTAUX

TERRAIN JURASSIQUE

LIVRAISON 12

CYCADÉES

PAR M. LE COMTE DE SAPORTA

TEXTE, feuilles 4 à 6 du tome II
PLANCHES 9 à 14 du tome II
Octobre 1873

PARIS

G. MASSON, ÉDITEUR

LIBRAIRE DE L'ACADÉMIE DE MÉDECINE

17, Place de l'École-de-Médecine

CONDITIONS DE LA SOUSCRIPTION

La PALÉONTOLOGIE FRANÇAISE paraît en deux série[s] publiées simultanément.

Première série. — Animaux invertébrés.
Deuxième série. — Végétaux.

La première série comprend

Parties publiées par Alc. D'ORBIGNY.

TERRAIN CRÉTACÉ.

Céphalopodes, 1 vol. de texte, avec atlas de 150 pl........ 48 f[r]
Gastéropodes, 1 vol. de texte, avec atlas de 91 pl.......... 30 f[r]
Lamellibranches, 1 vol. de texte, avec atlas de 257 pl...... 80 f[r]
Brachiopodes, 1 vol. de texte, avec atlas de 111 pl......... 35 f[r]
Bryozoaires, 1 vol. de texte, avec atlas de 202 pl.......... 65 f[r]
Échinides irréguliers, 1 vol. de texte, avec atlas de 207 pl.. 67 f[r]

Ensemble : 6 volumes de texte et 6 atlas comprenan[t] 1,018 planches. Prix. . . . . 325 f[r]

TERRAIN JURASSIQUE.

Céphalopodes, 1 vol. de texte, avec atlas de 234 pl.......... 75 f[r]
Gastéropodes, 1 vol. de texte, avec atlas de 198 pl......... 65 f[r]

Ensemble : 2 volumes de texte et 2 atlas ensemble [de] 432 planches. Prix. . . . . 140 f[r]

Parties publiées sous la direction du Comité :

volume terminé

Terrain crétacé, Tome VII. *Echinides II*, par M. Cotteau, avec [un] atlas de 200 planches.................................. 102 f[r]

VOLUMES EN COURS DE PUBLICATION

Terrain crétacé. *Zoophytes*, par M. de Fromentel.
Terrain jurassique. *Brachiopodes*, M. Deslongchamps.
— *Gastéropodes*, par M. Piette.
— *Zoophytes*, par MM. de Fromentel et Fer[ry].
— *Echinodermes*, par M. Cotteau.

La deuxième série comprend :

Terrain jurassique : *Algues*, par M. le comte de Saporta.

La première série paraît par livraisons de 12 planches, av[ec] le texte correspondant.

La deuxième série paraît par livraisons de 8 planches tir[ées] à deux teintes, avec le texte correspondant.

Prix de la livraison. . . 6 francs.

Corbeil. — Typ. et stér. de Crété fils.

PALÉONTOLOGIE FRANÇAISE

OU

DESCRIPTION

DES FOSSILES DE LA FRANCE

continuée

PAR UNE RÉUNION DE PALÉONTOLOGISTES

SOUS

LA DIRECTION D'UN COMITÉ SPÉCIAL

2e Série. — VÉGÉTAUX

TERRAIN JURASSIQUE

LIVRAISON 15

CYCADÉES

PAR M. LE COMTE DE SAPORTA

TEXTE, feuilles 7 à 9 du tome II
PLANCHES 15 à 20 du tome II
Novembre 1873

PARIS

G. MASSON, ÉDITEUR

LIBRAIRE DE L'ACADÉMIE DE MÉDECINE

17, Place de l'École-de-Médecine

CONDITIONS DE LA SOUSCRIPTION

La PALÉONTOLOGIE FRANÇAISE paraît en deux séries publiées simultanément.

Première série. — Animaux invertébrés.
Deuxième série. — Végétaux.

La première série comprend

Parties publiées par Alc. D'ORBIGNY.

TERRAIN CRÉTACÉ.

Céphalopodes, 1 vol. de texte, avec atlas de 150 pl........ 48 fr.
Gastéropodes, 1 vol. de texte, avec atlas de 91 pl.......... 30 fr.
Lamellibranches, 1 vol. de texte, avec atlas de 257 pl...... 80 fr.
Brachiopodes, 1 vol. de texte, avec atlas de 111 pl......... 35 fr.
Bryozoaires, 1 vol. de texte, avec atlas de 202 pl........... 65 fr.
Échinides irréguliers, 1 vol. de texte, avec atlas de 207 pl.. 67 fr.

Ensemble : 6 volumes de texte et 6 atlas comprenant 1,018 planches. Prix. . . . . 325 fr.

TERRAIN JURASSIQUE.

Céphalopodes, 1 vol. de texte, avec atlas de 234 pl......... 75 fr.
Gastéropodes, 1 vol. de texte, avec atlas de 198 pl......... 65 fr.

Ensemble : 2 volumes de texte et 2 atlas ensemble de 432 planches. Prix. . . . . 140 fr.

Parties publiées sous la direction du Comité :

VOLUME TERMINÉ

Terrain crétacé, Tome VII. *Echinides II*, par M. Cotteau, avec un atlas de 200 planches.................................. 102 fr.

VOLUMES EN COURS DE PUBLICATION

Terrain crétacé. *Zoophytes*, par M. de Fromentel.
Terrain jurassique. *Brachiopodes*, M. Deslongchamps.
— *Gastéropodes*, par M. Piette.
— *Zoophytes*, par MM. de Fromentel et Ferry.
— *Échinodermes*, par M. Cotteau.

La deuxième série comprend :

Terrain jurassique : *Algues*, par M. le comte de Saporta.

La première série paraît par livraisons de 12 planches, avec le texte correspondant.

La deuxième série paraît par livraisons de 8 planches tirées à deux teintes, avec le texte correspondant.

Prix de la livraison. . . 6 francs.

Corbeil. — Typ. et stér. de Crété fils.

www.ingramcontent.com/pod-product-compliance
Ingram Content Group UK Ltd.
Pitfield, Milton Keynes, MK11 3LW, UK
UKHW020311180726
13839UKWH00001B/439

9 782329 603056